中国国家公园
准入评价指标体系研究

甄莎 著

郑州大学出版社

图书在版编目(CIP)数据

中国国家公园准入评价指标体系研究／甄莎著． — 郑州：郑州大学出版社，2022.8
ISBN 978-7-5645-8691-1

Ⅰ.①中… Ⅱ.①甄… Ⅲ.①国家公园-评价指标-研究-中国 Ⅳ.①S759.992

中国版本图书馆 CIP 数据核字(2022)第 076400 号

中国国家公园准入评价指标体系研究
ZHONGGUO GUOJIA GONGYUAN ZHUNRU PINGJIA ZHIBIAO TIXI YANJIU

策划编辑	王卫疆	封面设计	陈 青
责任编辑	胥丽光	版式设计	苏永生
责任校对	孙 泓	责任监制	凌 青　李瑞卿

出版发行	郑州大学出版社	地　　址	郑州市大学路40号(450052)
出 版 人	孙保营	网　　址	http://www.zzup.cn
经　　销	全国新华书店	发行电话	0371-66966070
印　　刷	郑州宁昌印务有限公司		
开　　本	710 mm×1 010 mm　1 / 16		
印　　张	11.25	字　　数	215 千字
版　　次	2022 年 8 月第 1 版	印　　次	2022 年 8 月第 1 次印刷
书　　号	ISBN 978-7-5645-8691-1	定　　价	49.00 元

本书如有印装质量问题,请与本社联系调换。

前言

我国国土辽阔,自然遗产资源丰富,拥有大量不同类型的自然保护地,却存在区域空间交叉重叠、管理权属混乱等问题,为解决这一矛盾,国家有关部门提出建立国家公园体制。目前自然保护地准入国家公园标准的著作还较少。因此,本书以中国国家公园准入评价指标体系为题进行研究,为自然保护地申报国家公园提供理论基础和实践指导。

首先,对中国国家公园试点单位和现有各类型自然保护地的准入评价体系现状和问题进行研究,总结出中国国家公园的内涵特征与准入评价指标体系的设置原则。其次,运用问卷调查方法,基于结构方程模型,构建中国国家公园准入评价指标体系,并依据专家意见,利用模糊德尔菲法,确立评价因子的权重。最后,以伏牛山世界地质公园为例,同时辅以河南省其他三家地质公园为证,运用模糊综合评价方法进行国家公园准入内部自评价和外部规划研究部门评价。实证表明所设计的准入标准可靠适用,具有一定的科学性和实践指导性。基于上述研究成果,提出中国国家公园准入建设的对策建议。

本书在写作过程中注重理论联系实际,着力在借鉴、研究与实践考察的基础上进行融合、提炼和创新。同时,紧跟国家公园发展的时代脉搏,选取了伏牛山典型案例,具有很强的时代感和时效性。力图以严谨的科学研究方法、通俗准确的语言,为读者呈现出中国国家公园准入评价指标体系的架构。本书适合从事旅游行业、旅游专业的人员,尤其是关心关注国家公园建设发展的各类人士阅读。

本书得到河南牧业经济学院博士科研基金和河南牧业经济学院旅游学院乡村旅游重点学科基金的资助,同时感谢河南省山水地质旅游资源开发有限公司、河南省国土资源科学研究院、中国伏牛山世界地质公园管理委员会等单位提供的实证资料。感谢参与调查的各位专家,各地质公园领导与员工、游客等。本书在写作过程中,参考了国家公园领域相关领导、专家和同行的论著,从中汲取了宝贵的知识和经验,相关内容已在参考文献中列出,在此表示衷心的感谢。

由于作者水平有限,写作时间仓促,书中难免出现错误和不当之处,恳请领导、专家、同行及读者批评指正。

作者

目录

第一章 中国国家公园准入评价指标体系研究背景 ········· 001
  第一节 中国国家公园建设背景 ········· 001
  第二节 中国国家公园准入评价指标体系研究意义 ········· 005
  第三节 中国国家公园准入评价指标体系研究内容与创新点 ········· 006
  第四节 中国国家公园准入评价指标体系研究方法与技术路线 ········· 008

第二章 国内外研究综述与理论基础 ········· 011
  第一节 国内外研究综述 ········· 011
  第二节 理论基础 ········· 020

第三章 世界国家公园发展现状 ········· 027
  第一节 美洲国家公园 ········· 027
  第二节 欧洲国家公园 ········· 036
  第三节 亚洲国家公园 ········· 045
  第四节 大洋洲国家公园 ········· 050
  第五节 南非国家公园 ········· 055

第四章 中国国家公园的内涵特征与准入指标原则 ········· 058
  第一节 中国国家公园试点现状及问题 ········· 058
  第二节 中国国家公园的内涵与特征 ········· 061
  第三节 中国自然保护地准入指标现状与问题 ········· 063
  第四节 中国国家公园准入指标体系的设置原则 ········· 074

第五章 中国国家公园准入评价指标体系构建 ········· 076
  第一节 中国国家公园准入评价指标的编选 ········· 076
  第二节 中国国家公园准入评价指标分析 ········· 094
  第三节 与现有自然保护地准入评价指标差异比较 ········· 099

第六章 中国国家公园准入评价指标的权重确定 ········· 101
  第一节 方法选择 ········· 101
  第二节 基于模糊德尔菲法的指标权重确定 ········· 104

第三节　中国国家公园准入评价指标权重分析 …………… 116
第七章　中国国家公园准入评价指标体系实证研究 …………… 118
　　第一节　伏牛山自然保护地现状及问题 ………………… 118
　　第二节　伏牛山自然保护地准入国家公园评价 ………… 119
　　第三节　伏牛山自然保护地准入国家公园评价结果分析 … 124
　　第四节　与其他自然保护地准入评价的对比分析 ……… 131
第八章　中国国家公园准入评价体系下的建议与对策 ………… 133
　　第一节　挖掘资源价值 …………………………………… 133
　　第二节　加强生态建设 …………………………………… 134
　　第三节　实施整合规划 …………………………………… 134
　　第四节　完善制度保障 …………………………………… 135
第九章　结论与展望 ……………………………………………… 137
　　第一节　主要研究结果 …………………………………… 137
　　第二节　不足与研究方向 ………………………………… 138
参考文献 …………………………………………………………… 140
附录一 ……………………………………………………………… 147
附录二 ……………………………………………………………… 152
附录三 ……………………………………………………………… 154
附录四 ……………………………………………………………… 155
附录五 ……………………………………………………………… 171
附录六 ……………………………………………………………… 172
附录七 ……………………………………………………………… 173

第一章 中国国家公园准入评价指标体系研究背景

第一节 中国国家公园建设背景

一、各类自然保护地纷纷建立

我国国土辽阔,自然遗产资源丰富。建立自然保护地是保护资源与生态环境的重要手段之一,对改善生态环境,当地经济转型发展有重要影响。在国家级风景名胜区、世界文化自然遗产保护区的基础上,我国建设了大量不同类型的自然保护地,包含自然保护区、森林公园、地质公园、矿山公园等10类,目前共10 000多处,约占陆地国土面积的18%,其中国家级3 000多处。不同类型的自然保护地分别由林业、国土资源、环境保护、水利、海洋等部门进行管理,保护重点也各不相同,如表1-1所示。

表1-1 我国自然保护地类型、数量和主管部门

自然保护地类型	数量(处)	国家级(处)	主管部门
森林公园	3234	881	林业部门
风景名胜区	962	244	林业部门
沙化土地封禁保护区	61	61	林业部门
沙漠公园	55	55	林业部门
地质公园	343	270	国土资源部门
矿山公园	88	88	国土资源部门
自然保护区	2750	474	环境保护部门
湿地公园	1699	898	水利部门
水利风景区	>2000	719	水利部门
海洋特别保护区(含海洋公园)	71	49	海洋部门

数据来源:林业部、国土部、水利部等部门网站(截至2018年10月)。

这些不同类型自然保护地的建立对保护生态环境,发展当地旅游经济起到重要的作用。各类资源得到良好的保护,有利于可持续发展,也缓解了社会经济发展与生态环境保护的矛盾。但是,建立这些不同类型的自然保护地又带来新的矛盾,这也给生态环境保护、自然保护地的建设与发展提出了更高的要求。

二、中国自然保护地交叉重叠、多头管理存在矛盾

由于我国自然保护地建设还没有形成较为完善的体系,不同类型自然保护地大多由各自主管部门规划建立,这导致在同一区域可能存在几个不同类型的自然保护地,不仅造成管理权属不明确,管理成本高昂,同一自然保护地重复投资建设,保护效率低下;而且由于各方建设目的不同,利益不一致,造成自然保护地保护与开发的矛盾日益突出。

为了对不同资源进行有效保护,不同部门依据自己主管的工作,建立了不同类型的自然保护地,但建立这些保护地时没有进行部门间的沟通,就会出现在同一个区域内建立如"自然保护区""森林公园""地质公园"等不同牌子的自然保护地,如伏牛山世界地质公园与宝天曼自然保护区、洛阳白云山国家森林公园在范围上存在重叠部分。这导致了不同部门对同一自然保护地区域进行重复开发建设,不仅浪费了资金,而且不利于从整体上对生态系统与环境进行保护,造成保护效率低下。同时,由于管理权属不清晰,当自然保护地出现破坏资源的现象时,各方存在推诿现象,只要不涉及自身需要保护的资源,就不会多加干涉。

各种类型自然保护地在建设期由各部门进行主导,但在运营期就交由所在地政府或者旅游开发公司进行管理,这就导致由于各方利益不一致,对自然保护地的保护与开发之间存在矛盾。对于国家和公众利益来说,保护是第一要素,自然保护地制度可以有效建设和维护美好的自然生态环境;而对于所在地政府和旅游开发公司来说,更多的是经济利益,注重资源开发与旅游收入,当保护与开发出现矛盾时,往往是轻视保护,注重开发,导致很多自然保护地资源遭到严重破坏,生态环境出现问题。

三、国家公园在世界范围内得到广泛发展

世界上第一个国家公园是黄石国家公园,1872年诞生于美国,是美国自然保护、社会发展综合作用的产物。此后,国家公园的思想与理念逐渐被人们所接受,并逐渐成为世界各地保护自然文化资源的指导方针。此后,1879年澳大利亚建立皇家国家公园,1885年澳大利亚建立班夫国家公园,1887年新西兰建立汤加里罗国家公园,1914年瑞士建立瑞士国家公园,等等。经过

100多年的发展,国家公园的管理理念和运行模式日益完善,形成了统一管理、产权清晰、法律完善、保障有力的管理体制和规范化运行机制,较好地处理了自然文化资源保护利用的矛盾,得到了联合国教科文组织和世界自然保护联盟的高度认同。作为一种有效的自然文化资源管理模式,国家公园在世界范围内得到采用和推广(Douglas A Ryan,1978)。目前全世界已有100多个国家实行了国家公园制度,并发展成为类型多样、保护严格程度不同的自然保护地体系。

根据世界自然保护联盟(IUCN)标准(Dudley N,2008),截至2018年,纳入统计的有158个国家共计3000余处国家公园,总面积约400万平方千米,不同国家和地区为了支持国家公园的发展出台了多项政策及管理制度,从而使得全球国家公园的总量大幅增长,有效地保障了自然空间,满足了人类自然游憩的需求,同时促进了区域的经济发展(Cernea M M,2006,Dudley N,2018)。

四、中国已经开展国家体制试点建设工作

结合中国自然保护地的自身特点和世界各国国家公园的优点,中国也开始探索国家公园体制建设:2006年,云南省通过地方立法建立了中国第一个国家公园——香格里拉普达措国家公园,2008年,国家林业局将云南省确定为国家公园试点建设省份,同年10月,在国家旅游局和国家环境保护部门的提议下,成立了黑龙江汤旺河国家公园。早期中国对国家公园的探索主要借鉴国外国家公园的管理理念与管理方式,探索与中国国情相适应的国家公园管理体制。但是,由于没有国家总体层面的政策指引,主要还是由国家级各主管部门或地方政府自行发起的,中国自然保护地的固有管理模式并没有发生彻底改变。

2013年,党的十八届三中全会《中共中央关于全面深化改革若干重大问题的决定》文件中提出要建立国家公园体制,贯彻国土空间开发保护制度。2014年初,由国家发改委牵头,联合中央编办、国务院法制办、财政部、住房城乡建设部、国土资源部、环境保护部、水利部、农业部、国家林业局、国家旅游局、国家海洋局、国家文物局等12个部门共同研究建立国家公园体制的思路及试点方案。2015年5月,国家发改委等13部委联合下发《关于印发建立国家公园体制试点方案的通知》,决定在北京市、吉林省、黑龙江省、湖北省、福建省、浙江省、湖南省、云南省和青海省共9个省份或直辖市开展国家公园体制试点。每个省份选取一个区域开展试点。试点期限为3年,2017年底前结束。

2015年,国务院在《生态文明体制改革总体方案》中提出健全自然资源

资产产权制度。探索建立分级行使所有权的体制。中央政府主要对石油天然气、贵重稀有矿产资源、重点国有林区、大江大河大湖和跨境河流、生态功能重要的湿地草原、海域滩涂、珍稀野生动植物种和部分国家公园等直接行使所有权,建立国家公园体制方案。加强对重要生态系统的保护和永续利用,改革各部门分头设置自然保护区、风景名胜区、文化自然遗产、地质公园、森林公园等的体制,对上述保护地进行功能重组,合理界定国家公园范围。国家公园实行更严格的保护,除不损害生态系统的原住民生活生产设施改造和自然观光科研教育旅游外,禁止其他开发建设,保护自然生态和自然文化遗产原真性、完整性。加强对国家公园试点的指导,在试点基础上研究制定建立国家公园体制总体方案。

2017年,国务院印发了《建立国家公园体制总体方案》,该方案立足我国国情,对国家公园试点经验进行了总结,对国家公园体制建设具有指导意义。建立国家公园的重点在于加强生态保护、统一规范管理、明晰资源权属、创新经营管理、促进社区发展等方面开展试点创新,形成统一、规范、高效的管理体制和资金保障机制,统筹保护和利用的关系,形成可复制、可推广的保护管理模式。2017年10月,党的十九大提出"构建国土空间开发保护制度,完善主体功能区配套政策,建立以国家公园为主体的自然保护地体系",进一步明确了国家公园的定位和作用。

2018年,自然资源部与国家林业和草原局组建,由自然资源部下属的国家公园管理局统一行使国家公园的管理职责。明确了国家公园主管部门的权责,初步形成了国家公园管理的工作格局。2019年1月,中央全面深化改革委员会第六次会议审议通过了《关于建立国家公园为主体的自然保护地体系指导意见》等文件,提出要构建国家公园、自然保护区、自然公园三大类的"两园一区"的自然保护地新分类系统。国家公园建设成为我国生态文明建设的排头兵和落实"绿水青山就是金山银山"理念的重要抓手。

2019年6月,中共中央办公厅、国务院办公厅印发《关于建立以国家公园为主体的自然保护地体系的指导意见》提出,建立分类科学、布局合理、保护有力、管理有效的以国家公园为主体、自然保护区为基础、各类自然公园为补充的中国特色自然保护地体系。2019年7月,国家林业和草原局发布消息显示,全国已建成三江源、大熊猫、东北虎豹、湖北神农架、钱江源、南山、武夷山、长城、普达措和祁连山10处国家公园体制试点,涉及青海、吉林、黑龙江、四川、陕西、甘肃、湖北、福建、浙江、湖南、云南、海南12个省,总面积约22万平方千米。

2020年,国家林业和草原局进行试点验收,达到标准和要求的将正式设立国家公园。

2021年，国家林业和草原局表示国家公园体制试点在顶层设计、管理体制、机制创新、资源保护、保障措施等方面进行了有益探索，取得了阶段性成效。目前，自然保护地体系建设提速，国家公园试点任务基本完成，将正式设立第一批国家公园。新一批国家公园（若尔盖、青海湖、南岭、亚洲象等）的高质量建设基础工作已经展开。

五、小结

中国各地建设了大量不同类型的自然保护地，面积不断扩大，但自然保护地存在管理归属不清、同一区域重复投资建设、保护与利用矛盾突出等问题。为了解决这一矛盾，中国提出了构建国家公园体制，并已经进行了试点，但是如何将现有不同类型的自然保护地纳入国家公园体系还需要细化研究，到底哪些自然保护地可以纳入国家公园？自然保护地申报国家公园需要达到什么条件？截至目前，依然没有一个可靠的标准可以对中国国家公园的准入进行评判。因此，需要构建中国国家公园准入评价指标体系，使国家公园可以在科学合理的标准下进行申报、开发、保护与管理，为自然保护地申报国家公园提供理论基础和对策建议。

第二节　中国国家公园准入评价指标体系研究意义

目前，中国国家公园还在起步阶段，相关理论与实践都不成熟，国家公园申报、建设、开发和运营存在着各种问题，缺乏理论和管理实践研究和创新。中国自然保护地的资源保护与开发存在一定矛盾，各类自然保护地准入或评价标准存在差异，建立国家公园准入评价指标体系，旨在有效解决中国当前自然保护地管理中存在的管理权属混乱、重叠设置、重复投资建设等问题，并保障国家公园体制发展的长效机制，达到协调并兼顾生态、社会和经济三者利益的目的，为中国国家公园事业发展做出基础性工作，具有重要理论价值和实践价值。

一、理论价值

（1）明确中国国家公园内涵与特征，以及中国国家公园准入评价指标体系设置原则等问题，有利于丰富中国国家公园理论内涵，构建符合中国国情的国家公园理论体系，对国家公园理论在中国的发展具有重要意义。

（2）在中国情境下构建国家公园准入评价指标体系，可以为中国国家公园的开发与保护提供坚实的理论依据与基础，并且有利于推进中国国家公园申报与建设工作,为不同类型自然保护地纳入国家公园提供科学理论依据。

(3)以伏牛山、云台山等自然保护地为例,实证检验中国国家公园准入评价指标的可靠性和有效性,涉及资源、生态、规划、管理制度等内容,综合运用地理学、管理学、生态学、地质学、规划学等多学科理论,可以多领域、多视角的丰富和拓展国家公园的理论和方法。

二、实践价值

(1)解决中国国家公园保护和开发的矛盾,实现科学有效的管理及合理的资源配置,为不同类型自然保护地申报国家公园提供实践指导,有助于中国国家公园进行科学合理的规划与建设。

(2)建立中国国家公园准入指标评价体系,有利于明确自然保护地资源、土地和管理权属问题,对自然保护地进行统一保护与开发,科学规划和建设,改变过去一个区域多块牌子、多重管理、多重投资等问题,使中国国家公园真正起到保护资源与生态环境的作用。

(3)满足中国自然保护和建设环境友好型社会的要求,有利于改变粗放型的自然资源管理和消费方式,保护自然资源的原真性、完整性和多样性,维持生态效益、社会效益和经济效益的协调与可持续发展。

第三节　中国国家公园准入评价指标体系研究内容与创新点

一、研究内容

1.梳理世界国家公园发展现状

各个国家因资源状况、经济实力、人口数量及社会制度等国情的不同,国家公园的发展各有特色,对其发展历程、公园现状、准入门槛等方面信息、数据进行详细总结与分析。通过介绍不同大洲的国家公园起源与发展历程,建设与管理体制特点,土地权属与资金来源,社区参与等方面,帮助中国更好地认识与了解世界其他国家的国家公园发展理念与特色,为中国国家公园建设与发展提供理论基础与实践借鉴。

2.明确中国国家公园内涵、特征与准入评价指标体系设置原则

构建中国国家公园准入评价指标体系,是需要明确中国国家公园的内涵特征。一是对中国目前的国家公园体制试点进行分析,评价目前国家公

第一章 中国国家公园准入评价指标体系研究背景

园体制试点建设的得与失,在此基础上提炼总结中国国家公园内涵与特征。二是分析我国现行各类国家级自然保护地评审(评估)标准及其执行情况,指出其存在的问题。在此基础上提出中国国家公园准入评价指标体系的设置原则。

3. 构建中国国家公园准入评价指标体系

运用问卷调查的方法,基于结构方程模型,对中国国家公园准入评价指标体系进行构建,并依据专家意见,利用模糊德尔菲法,确立评价因子的相对重要性,计算出每一层次各个因子的权重,得出中国国家公园准入评价指标体系。中国国家公园的准入评价指标体系包括资源价值、生态建设、整合规划和制度保障四个维度。其中,资源价值主要包括资源重要性、资源典型性、资源科学性、资源观赏性;生态建设主要包括保护原真性、保护全面性、保护整体性、生物多样性、规模适宜性;整合规划主要包括功能分区、生态补偿、访客管理、基础设施建设;制度保障主要包括公园权属、管理制度、监督制度。

4. 以河南省伏牛山等自然保护地为例进行实证研究

由于自然保护地包含类型较多,直接实证存在一定困难,本研究以河南省伏牛山自然保护地为主,云台山、王屋山和万宝山自然保护地为辅,对四个自然保护地准入国家公园进行评估,通过对公园管理者和员工、相关研究规划部门人员进行调查,运用模糊综合评价的方法得到评估结果,通过评估结果的对比,检验中国国家公园准入评价指标体系的可靠性和有效性。

5. 提出中国国家公园准入评价体系下的对策建议

根据前面的研究成果,提出中国国家公园准入评价体系下的对策建议,包含挖掘资源价值、加强生态建设、重视整合规划、完善公园制度四个方面,有利于中国各类型自然保护地申报国家公园前后进行有效整改,也为国家公园这一体制良好运行提供有效的帮助。

二、创新点

本书通过分析自然保护地现状,结合目前国家提出的建立国家公园的思想,建立了中国国家公园准入评价指标体系,并以伏牛山、云台山等自然保护地为例进行实证研究,取得的创新具体有以下几个方面。

1. 提出了详细的中国国家公园的内涵特征与准入评价指标体系设置原则

目前中国国家公园的内涵特征表述多来自西方一些国家提出的国家公园理论和中国政府官方文件,存在不适合中国情境或没有细化到可以在实践中运用等问题。本研究对国内外有关国家公园的文献进行综述,对国家公园试点的现状及问题进行分析,提出了详细的符合中国情境的国家公园的内涵与特征。并对中国不同类型自然保护地准入评价指标体系进行分析,总结出中国国家公园准入评价指标体系设置原则,可以更有效指导中国国家公园的实践,为中国国家公园设置准入指标评价体系提供切实可行的操作依据。

2. 构建了保护优先、效益协同的中国国家公园准入评价指标体系

创新性地提出了中国国家公园的准入评价指标体系包括4个指标评价层,即资源价值、生态建设、整合规划、制度保障,以及16个项目评价层,资源价值包括资源重要性、资源典型性、资源科学性、资源观赏性;生态建设包括保护原真性、保护全面性、保护完整性、生物多样性、规模适宜性;整合规划包括功能分区、生态补偿、访客管理、基础设施建设;制度保障包括管理制度、公园权属、监督制度。其中规模适宜和公园权属指标是依据中国情境提出的指标,功能分区和访客管理指标可以有效解决保护与开发的矛盾,是对国家公园理论在中国应用的重要拓展。

3. 运用比较研究的方法多角度实证检验准入评价指标的可靠性与有效性

以河南省伏牛山、云台山、王屋山、万宝山等自然保护地为实例,检验中国国家公园准入评价指标体系的可靠性和有效性。创新性的运用三个比较研究进行验证:对公园管理者、员工与研究规划机构人员准入评价结果的比较;对伏牛山自然保护地准入评价结果与现实状况的比较;对伏牛山自然保护地准入评价结果与云台山、王屋山、万宝山等自然保护地准入评价结果的比较。本书在实证阶段所进行的多角度、多层次的比较研究,无论在视角上,还是理论方法上,均具有一定的新意。

第四节 中国国家公园准入评价指标体系研究方法与技术路线

一、研究方法

本书遵循"文献研究→方案设计→理论研究→调查研究→实证研究→综合研究"的基本思路,综合运用资源产业经济学、地理学、生态学、规划学、管理学与统计学等多学科知识,基于新公共服务理论、可持续发展理论、复杂适应性理论、生态管理理论,采用定性与定量相结合的方法进行研究。本课题在研究过程中主要运用以下研究方法。

1. 理论研究

这是本书的基本方法,贯穿研究全过程,通过文献研究与文本分析,认

真研讨国内外有关国家公园和准入评价指标体系有关的重要著作、论文、研究报告及相关网络资料,准确了解相关研究动态,开展扎实、深入理论研究,理清中国情境下国家公园内涵与特征及准入评价指标体系设置原则,从理论层面探讨中国国家公园准入评价指标体系构建的若干关键问题。

2. 调查研究

运用深入访谈和个人问卷调查等方式围绕中国国家公园准入评价指标筛选开展调查研究,数据主要来源于自然保护地运营者和员工、相关政府管理机构人员、研究规划机构人员、社会大众等,准确了解各方对准入评价指标的选取及建议。由于中国国家公园准入评价指标体系结构的复杂性与层次性,拟选取多位在资源产业经济领域、旅游管理领域、资源与环境保护领域、国土资源规划领域的教学、研究人员进行问卷调查,了解他们对关键问题的看法与完善建议。

3. 数据定量分析

在调查获得数据基础上,采用探索性因子分析和验证性因子分析方法对测量变量进行结构效度、区分效度及预测效度分析,主要运用 SPSS 软件进行分析;运用结构方程模型对不同层次的指标隶属度进行检验,主要运用 AMOS 软件进行分析。运用模糊德尔菲法对准入评价指标进行权重确定。

4. 比较研究

运用模糊综合评价法对伏牛山、云台山、王屋山、万宝山等自然保护地进行中国国家公园准入评价。包含三个比较研究:对公园管理者、员工与研究规划机构人员准入评价结果的比较分析;对伏牛山自然保护地准入评价结果与现实状况的比较分析;对伏牛山自然保护地准入评价结果与云台山、王屋山、万宝山等其他自然保护地准入评价结果的比较分析。

二、技术路线

技术路线如图 1-1 所示。

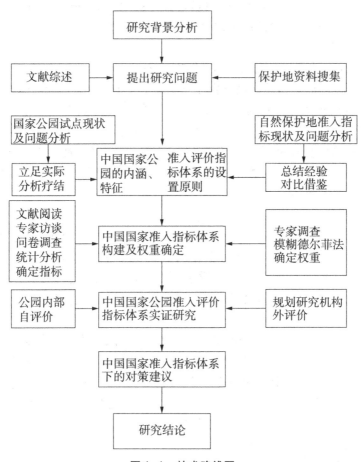

图1-1 技术路线图

第二章 国内外研究综述与理论基础

第一节 国内外研究综述

一、国家公园内涵与特征研究现状

1. 内涵界定

美国最早提出国家公园（National Park）的概念，由艺术家乔治·卡特林（George Catlin）于1832年首次提出。他提出政府应该设立一个大公园——一个国家公园把野生动植物、荒野和印第安文明保护起来，包括人和野兽，使得他们都处于原始状态，保持自然美（Mackintosh Barry，2000）。由于各国国情不同，社会制度不同，政治、经济、文化背景不同，因此对国家公园的定义与内涵界定也不完全相同。

美国的国家公园是由政府宣布成立的，是以保护自然、文化和民众休闲为目的的特定公共财产区域。1879年澳大利亚成立世界上第二个国家公园，其认为国家公园是被保护起来的，拥有多样化、数量可观的本土物种、景观保持原始状态的大面积陆地区域，区域内严密监控人类活动，禁止农耕之类的商业活动。日本国家公园是以维护生物多样性及永久保护国土为使命，具有供国民教育、娱乐和研究的国家代表性的自然风景、历史自然遗迹及野生生物的特定区域。

英国国家公园是为了满足游客享受、体验和学习特有知识的需求而建立的具有丰富野生动植物资源、优美自然景观和厚重历史文化的保护区，保护对象不仅包括自然景观、野生动植物，还包括区域内的居民、工作人员、农场、村镇等（Barker A，Stockdale A，2008）。

世界自然保护联盟（IUCN）于1969年明确了国家公园内涵包括：一是具有特殊科学、教育和娱乐价值的环境、动植物和景观，或者是自然景观非常优美，生态系统基本保持原始状态，没有发生根本性改变，没有受到人类开发影响；二是政府已采取措施阻止或消除区域内的开采、开垦等行为；三是在一定条件下允许进行文化、教育、科普、娱乐性旅游参观活动。

我国台湾地区借鉴美国等国经验,于1982年建立了第一个国家公园——垦丁国家公园。同时指出国家公园是为了保护国家特有自然风景、野生物和史迹的自然区域,同时供国民娱乐和研究,维护生物多样性及永续保育国土。

非洲动植物保护国际会议于1993年举办,会上提出国家公园是一个保护野生动植物、保护公众利益的区域,该区域具有明确边界并由公共控制管理,任何采摘、狩猎及变换边界必须经过批准,否则禁止进行。

1994年,世界自然保护联盟(IUCN)提出国家公园是为了给当代和后代提供完整生态系统,为民众提供精神、科学、教育、娱乐和游览基地,实现生态环境和文化协调的天然陆地或海洋,禁止任何形式的开发和占有行为(Nigel D,2008)。

可见,国外各国对国家公园的界定都是根据各自国家实际情况进行的,对其内涵表述不完全相同,但发现国家公园均是为了维护生态系统完整性和平衡性、保护生物多样性和保证国土资源永续发展而成立的自然保护区域。公园内具有优美的自然环境、景观或丰厚的历史文化等史迹资源,生态系统基本处于原始状态,能够为公众提供精神、科学、教育与游憩等机会。

由于我国国家公园体制于近几年才提出,因此对中国国家公园的定义与内涵研究较少。有学者认为我国国家重点风景名胜区与外国国家公园相似,但其历史文化内涵更深厚。大部分学者认为中国国家公园是以保存和展示具有国家乃至国际重要意义的、具有典型性、代表性和稀有性的高级别资源如自然资源、人文资源和景观等,由中央政府划定和管理以实现资源有效保护与合理利用的特定区域,同时提供限制性科学、教育、游憩和社区发展等公共服务功能(唐芳林,2010;王梦君,2015;罗金华,2013;钟林生、肖练练,2017)。

2014年在昆明召开的首届"国家公园建设研讨会"上,对中国国家公园定义进行了第一次较为清晰的明确。会上提出"中国国家公园是由政府划定和管理的保护区,以保护具有国家或国际重要意义的自然资源和人文资源及其景观为目的,兼有科研、教育、游憩和社区发展等功能,是实现资源有效保护和合理利用的特定区域。"

2017年,由中共中央办公厅、国务院办公厅印发的《建立国家公园体制总体方案》给出了目前最为权威的中国国家公园内涵:中国国家公园是指由国家批准设立并主导管理,边界清晰,以保护具有国家代表性的大面积自然生态系统为主要目的,实现自然资源科学保护和合理利用的特定陆地或海洋区域。

2. 国家公园特征研究

国外国家公园一般具有以下三个属性：一是国家公园资源具有完整性和原始性。国家公园是包含至少一个或多个完整生态系统，面积较大的自然区域。保护对象不仅包括优美的自然景观、良好的生态环境和深厚的历史文化景观，还包括所在区域内的居民、村镇等，生态环境基本处于原始的荒野状态，未受到人类开发开采和现代工业的影响。二是以保护自然生态系统和维持国土资源永续利用为主要目的。国家公园成立的主要目的是保护，对区域实行整体、全面、可持续保护，禁止开采、采摘、开垦、狩猎等破坏自然生态系统的人类活动，以维持大自然原始状态，维持国土资源永续利用。三是国家公园提供精神、文化、科研、教育和游憩的多样性公共服务。国家公园内优质的水、空气、土壤等生态产品和历史文化等史迹景观可以满足公民精神、文化、科研、教育和娱乐需求，为公民提供精神、教育服务和观赏服务，不仅满足当代公民的需求还可以为后代公民提供服务，属于公共产品或公共服务。

国内对于国家公园的内涵存在三点共识：一是资源和管理权属的国家性，国家公园内的自然、人文资源应具有国家代表性，在国内乃至世界上具有重要意义和典型性，而且其资源必须归国家所有，任何单位和个人不得非法占有和破坏，同时国家公园管理权属归国家所有，在国家公园申报设立与运营管理中，中央政府起主导作用，国家公园必须依据国家标准依法筛选设立和评估，由中央政府指定相关机构对其统一管理和运营监督。二是保护生态系统的完整性，国家公园应改变现有完整山脉或水系等因不同部门交叉管理或因为行政区域不同而划分为不同自然保护地进行分裂保护的现象，同时将分散、碎片化的自然资源都整合到国家公园范围内，以保证生态系统完整性，包括完整的山脉、水系、生物资源、地质遗迹资源等。三是提供服务的公益性。国家公园内的各类自然资源、人文资源等为公众提供观赏、游憩、科研、教育和学习素材，为社会公众提供物质和精神享受。因此可以说国家公园是一种公共产品，其设立目的是为了维护公众的游憩、观赏和教育利益，具有公益性（陈耀华、黄丹，2014；方法林、王娜，2015；唐芳林，2014；苏杨、王蕾，2015；束晨阳，2016；钟林生、肖练练，2017）。

除了上述三个特征外，有学者认为国家公园的典型特征还包含科学性、可持续发展性、非商业性、精神性、多元性和功能复合性。科学性指国家要在充分调查研究基础上制定出科学合理的国家公园总体规划，包括公园范围、发展目标、管理机构的设置与职责、功能分区等。可持续发展性指为了确保当代和后代公民都能享受到国家公园带来的利益，必须对国家公园进行有效的保护管理，推进公园可持续发展。非商业性指国家公园获取的经济利益只能来源于资源的非消耗性和非损伤性利用,用于回馈社区或者国家公园保护管理,不能以经济效益最大化为建立和管理的目标(唐芳林,2014)。精神性体现为国家公园是国家形象的代表,是国民教育的天然课堂,通过观赏、学习和研究其资源特征,能够培养民族认同感、自豪感和国家凝聚力。多元性和功能复合性体现在与严格的自然保护区和一般公园比起来,国家公园在注重保护的基础上,兼顾自然与文化,融合生态与美学,以供公众游憩学习,适度开发促进社区发展和经济增长(束晨阳,2016)。国家公园的首要功能是保护具有国家代表性的自然地貌和生物群落,以维护生态稳定性和物种多样性。其次,依托其优美的风景为国民提供某些欣赏游憩机会,通过适度发展旅游提升周边社区居民的生活水平。最后,为研究地质、生物、气象、动植物、历史文化的专家学者提供最佳场所,为社会公众提供实地接受科普教育的机会(钟林生、肖练练,2017)。

《建立国家公园体制总体方案》(2017)国家公园特征主要包括以下几点:一是坚持生态保护第一,对自然生态实施严格、整体和系统性保护,以维持生态系统的原真性和完整性。二是坚持国家代表性,国家公园内具有独特的自然景观、重要的自然生态系统和丰富的科学内涵,代表国家形象,彰显中华文明,应以国家利益为主导,坚持国家所有。三是坚持全民公益性。国家公园坚持全民共享,为公众提供亲近、体验和了解自然的机会。鼓励公众参与,调动全民积极性,接受自然环境教育,激发公众的自然保护意识。

二、国家公园管理模式研究现状

通过翻阅国外关于国家公园管理模式相关文献发现,有少量中美洲、非洲、南非、印度尼西亚的国家公园研究,如 Bere R M 于 1957 年提出了非洲建立国家公园管理模式的构想。Douglas A Ryan 于 1978 年对尼加拉瓜国家公园的管理现状进行了研究。Miller 于 1978 年对拉美地区的国家公园管理模式进行介绍。Beukering Pieter J H van, Cesar Herman S J, Janssen M A 于 2003 年对印度尼西亚苏门答腊岛上的国家公园管理进行了评价。大多文章集中在美国、英国、德国、加拿大、日本、澳大利亚等发达国家。

虽然世界各国国家公园发展借鉴了美国经验,但其管理模式由于国情不同,与美国也不尽相同。目前世界上国家公园管理模式基本上可分为三类:一是自上而下的中央集权型管理模式,以美国、巴西等国为代表;二是地方主导自治型管理模式,以德国及欧洲诸多国家为代表;三是中央—地方综合型管理模式,以英国、日本等国为代表(Wescott GC,1991;Barker A,Stockdale A,2008)。

美国国家公园实行中央集权型管理模式,建立了国家公园管理局—地区分局——公园管理处三级自上而下垂直管理体系(Gray Kenneth Lynn,1976;White P C L,Lovett J C,1999;Mackintosh Barry,2000;Pergams O R W,Zaradic P A,2006)。国家公园管理局是美国内政部下设机构,独立完成和管理包括执法活动在内的一切国家公园事务,所属地方政府无权干涉。

德国国家公园管理模式主要是地方自治型,即联邦搭建框架,州府自治管理(Papageorgiou K,Brotherton I,1999;Trakolis D,2001;Kostas Papaeorgiou,Kostas Kassiomis,2005)。中央政府即联邦政府负责政策发布、立法等层面上的工作,而地方政府即州政府拥有管理方面的最高权限,负责自然保护工作的具体开展和执行。州政府设置自上而下三级国家公园管理机构,即州环境部——国家公园管理办事处——县(市)公园管理办公室。各州与联邦政府共同商讨有关决策性的规划和设计。国家公园管理机构主导国家公园管理工作时,也会与其他政府部门和非政府机构协调合作完成。

日本是典型的综合管理型国家公园管理模式,既有中央集权又有地方自治(Hiwasaki L,2005)。由于历史原因,日本国家公园区域内有部分土地归私人所有,此外部分土地上还存在农业、林业、旅游业和娱乐性产业等经济活动,因此地方政府的自主管理权需要在政府部门参与下完成,需要与民间机构和私营企业进行合作。实行环境署、都道府县政府和市政府以及与园内各类土地所有者合作的国家公园管理模式。同时要与园内土地其他用途使用者进行协商合作,以保护自然环境。

英国国家管理模式也为综合管理型,兼具中央集权和地方自治两种体制,除国家公园管理局外,很多不同层面、不同职能组织对国家公园管理与保护负责(Barker A,Stockdale A,2008;Hall C M,Frost W,2009;Suckall N,Fraser E D G,Cooper T,et al. ,2009)。

在国内,广大学者通过梳理国外国家公园管理模式,认为构建管理模式必须考虑与现有行政结构的适配性,根据中国行政体制特色设计出与之适配的管理模式,构建完善的国家公园体制顶层设计。认为建立中国国家公园制度应设立双重目标,即在建立中国国家公园体制的同时完善中国自然保护地体系(杨锐,2014)。国家公园体制不局限于体制讲体制,而是一整套国家公园资源的规制安排(胡咏君,2016)。处理好自然资源利益相关者的管理权限和相互关系是稳步建立中国国家公园体制的核心。国家公园体制应破除不同利益相关者之间的体制机制障碍,调整利益相关者之间的关系,包括不同级别不同部门不同区域的政府之间、管理者与经营者、旅游者、民间组织、社区居民等之间的关系。重构国家自然保护体系,建立国家公园规划体系,推进重要区域保护区整合过程中,合理处理来自土地、主体、模式、机制、资金等重大方面的问题,化解相互之间的矛盾(唐小平,2014)。需要妥善处理9对关系:①一与多,即国家公园与自然保护地体系之间的关系;②存与用,即保护与利用之间的关系;③前与后,即代际关系;④上与下,即中央政府与地方政府之间的关系;⑤左与右,即不同职能部门之间的关系;⑥内与外,即自然保护地边界内部和外部之间的关系,其中尤其应关注社区问题;⑦新与旧,即新设自然保护地类型与已有自然保护类型之间的关系;⑧公与众,即公共管理部门和其他利益团体之间的关系;⑨好与快,即国家公园制度质量和国家公园制度建立速度之间的关系。

国家公园体制的完成路径包括5个方面:①坚持生态保护第一;②坚持统一化规范化管理;③明晰资源的权属关系;④实行特许经营,创新经营管理模式;⑤鼓励公共参与,促进社区发展(钟林生、肖练练,2017)。策略分为9个层面:①完善法律系统;②严定准入标准;③规范规划体系;④明确建立主体;⑤创新管理体制;⑥拓宽资金渠道;⑦平衡保护与开发;⑧维护社区利益;⑨推动公众参与等(徐瑾、黄金玲、李希琳等,2017)。

可采取措施包括:①理顺国家公园管理体制,提出管理机构、产权属性、资金保障及管理办法四个方面的管理体制,设置明确的管理层级,划分权限,各个行政部门之间要实现高效率对接与匹配,避免部门权力交叉或某些事务无人管理现象(王维正,2000;张海霞、汪宇明,2009;翟洪波,2014)。②编制国家层面上的国家公园建设规划和实施发展规划,明确发展思路、目标、布局,同时各省组织编制单个国家公园建设总体规划,包括公园边界、发展目标、土地权属、管理机构、功能分区等(唐小平,2014;苏利阳、马永欢、黄宝荣,2017)。③建立国家公园标准体系,明确国家公园准入标准和评价标准,明确国家公园建立程序(周武忠、徐媛媛、周之澄等,2014;唐芳林,2014;杨锐,2014;翟洪波,2014)。④建立多层次多渠道监督机制,包括来自相关管理部门、公众和非政府组织等不同层次上的长效监督,监督渠道包括电话、网络、告示栏等。⑤建立地区社区协同发展机制,通过国家公园建设来带动和改善社区民生,为社区居民或周边居民提供与国家公园发展相关就业机会,如提供安保环保岗位、特色旅游产品销售岗位、绿色农产品加工等岗位,以推动区经济发展(吕小娟,2011;刘锋、苏杨,2014;周兰芳,2015;闫水玉、孙梦琪、陈丹丹,2016;张朝枝,2017;廖凌云、赵智聪、杨锐,2017)。

三、自然保护地与国家公园关系研究现状

在IUCN保护区分类体系中,国家公园属于保护区六个类别中的第二类(John Scanlon,2004;Nigel D,2008)。目前在国际上还没有对国家公园类型进行统一划分(Philip Dearden,Michelle Bennett,Jim Johnston,2005)。国家公园绝大部分为自然类型,文化类型的极少。作为国家公园发源地的美国,国

家公园有狭义和广义之分。现有59个直接冠以国家公园之名的保护区为狭义的国家公园,可分为自然和人文两种类型。广义的国家公园体系包含各类自然文化资源保护类型,由国家公园管理局统一管理,由20多种类型组成。有关历史的有国际历史地段、国家历史地段、国家历史公园。军事纪念类的有国家军事公园、国家战场公园、国家战争纪念地、国家纪念战场、国家纪念地。自然类的有国家湖滨、国家海滨、国家河流、国家荒野与风景河流、国家保留地等。此外,还有国家景观大道、国家风景路、国家保护区、国家休闲地和其他公园地等,共计401处。

国内学者一致认为国家公园在中国的定义也有狭义和广义之分。狭义的国家公园仅指国家公园这一特殊类型,而广义的国家公园,则是指国家公园体制,涉及整个保护地体系,分为体系结构、管理体制和运营机制等方面,认为我国建立国家公园体制的任务就是创建公园和完善保护地体系(唐芳林、王梦君,2015;束晨阳,2016)。重构自然保护体系是稳步建立我国国家公园体制的主要措施。在重构过程中,要结合世界各国的理念与做法,与国际接轨,并充分考虑我国现有的保护地管理情况,做好与现有管理体制的对接,不能另起炉灶。要推进重要区域保护区整合。按照国家公园理念对现有碎片化的保护区进行整合,以自然保护区为主体,选择区域优先启动。如管理分割严重,具有独特生态、审美、文化价值的典型自然生态系统,国家重点生态功能区内国有土地集中成片的区域,大江大河源头、景观与生物多样性独特且开发强度较低的区域,生态保护价值高、生态系统相对完整且生态风险趋紧的区域。

但就自然保护地和国家公园的分类,各个学者有不同的见解。有学者提出未来我国保护地体系可包括国家自然保护区、国家公园和国家景观保护地3个系统。其中,国家自然保护区包括严格自然保护区、栖息地物种保护区和资源管理保护区。国家景观保护地包括风景名胜区、湿地公园、森林公园、地质公园和水利风景区(束晨阳,2016)。也有学者提出国家公园体制需构建"自然保护区+国家公园+其他各类保护地"的自然保护地体系,科学规划国家公园建设重点区域和规模。由一个部门负责国家公园内自然资源资产管理,另一个部门负责公园内自然资源监管、生态保护等职能(朱彦鹏、李博炎、蔚东英等,2017)。还有学者指出可将我国自然保护区分为自然及原野保护区、国家公园、物种与生境保护区、自然景观保护区、自然资源管理区等5类(唐小平,2014)。

赵智聪等(2016)提出我国自然保护地体系的重构设想:增加国家公园类型,保持原有类型,同时重新评估和调整现有各类型自然保护地的保护对象、资源品质和利用强度。在保护对象与资源品质方面,提出自然保护区和国家公园应共同代表我国不同类型的生态系统;国家公园与风景名胜区共同代表我国"最美"的自然山水;其他类型的自然保护地以保护单一价值为主要目标,而国家公园是保护最全面,综合价值最高的自然保护地类型。在利用强度上,提出自然保护区和国家公园应具有最严格保护、禁止人类活动的区域;对各类自然保护地在利用强度方面的分区控制提出了相对统一的标准。

也有学者对国家公园的类型进行了研究。指出在狭义定义下,国家公园仅包含不同类型的自然资源,如森林、湿地、荒漠、草原、海洋、野生动物、野生植物、地质及古生物遗迹类型。在广义定义下,国家公园可分为自然类、文化类和综合类三大类别。自然类国家公园细分为自然生态系统、野生生物类、自然遗迹类三个大类;文化类国家公园细分为历史纪念地、文物保存地及文化景观三个大类;某一类型国家公园内可共存其他类型资源。当核心资源种类丰富,难以确定某一专业类别时,可以作为综合类国家公园。建立国家公园体制是优化我国现有的保护区体系,而并不是用国家公园这一种保护区类型来替代现有的自然保护区、风景名胜区、地质公园、森林公园、水利公园、湿地公园等多种类型的保护区。

四、国家公园准入标准研究现状

在国外,因国情不同,各国国家公园的设置标准也有所不同。为了便于国际间的交流,IUCN于1974年提出国家公园的四条标准:①具有国家代表性的景观优美的特殊生态或地形,且没有人类聚居未经人类开发开采的面积不小于1 000平方米的区域;②为永久性保护区,目的是保护原生动植物、自然景观和特殊的生态体系;③由国家最高权力机构统领管理,聚居区、工业区和商业区内限制开发,严格禁止伐林、农耕、采矿、狩猎、放牧等破坏自然生态景观的行为;④限制游客行为以维护现有的自然状态,仅允许游客在特定情况下进入特定区域范围,具有为现代和后代提供科学、教育、游憩等功能。

各国国家公园准入标准中,美国的标准最具代表性,包括全国重要性、适宜性与可行性。具体是:①具有全国重要性的自然、文化或欣赏价值极高的资源;②具有加入国家公园系统的适宜性,能够代表现有国家公园系统中不足的自然、文化主题或是娱乐资源类型,而暂时没有被保护起来的区域可纳入国家公园系统;③加入条件的可行性。一是该区域必须具有必要规模和适当布局的自然系统或历史背景,以维持资源得到长期有效保护并满足公众利用要求。二是在财政允许和适当的成本水平下,具有维持高效率管理的潜力,包括土地使用权、交通设施状况、成本核算等因素。

加拿大国家公园的准入标准：①具有重要性的自然区域，野生动物、地质、植被和地形具有区域代表性；②土地权属归皇家所有，与当地省政府已达成协议；③开发状态，包括是否存在或潜在的或土著人对该区域自然环境造成威胁的因素等；④具有以保护为目的，为公众提供旅游的机会的利用功能（Scott D，Jones B，Konopek J，2007）。

俄罗斯国家公园的设置标准：①国家公园内应具有特殊生态价值、历史价值和美学价值的自然资源；②联邦政府独有国家公园，需用预算来购买公园内其他使用者和所有者的土地；③科学合理地保护公园的自然状态，禁止一切可能破坏自然、文化和历史遗址的利用行为，任何经济活动不得在保护区内进行；④公园内设置的博物馆和信息中心，以及休闲区内开展的娱乐、体育、旅游活动不以营利为目的。

日本国家公园的准入标准，首先应具有超过20平方千米的原始景观核心景区，公园内有若干未因人类开发和占有而发生根本变化的生态系统，资源具有科学教育娱乐等价值。

在中国，云南省制定并颁布《国家公园基本条件》（DB53/T 298—2009），明确国家公园需要达到的条件包括资源条件、适宜性条件和可行性条件。广大学者通过分析国外国家公园准入标准，结合中国国情，提出的中国国家公园准入评价指标也主要集中在这三方面，资源基础、适宜性条件和可行性条件。其中，资源条件是对资源本体做出评估，适宜性条件则重点对资源利用的适宜性做出判断，包括资源本体条件及其周边环境。可行性条件侧重于管理环境和制度的可行性。具体的评价指标有，资源条件包括资源的重要性、代表性、完整性、典型性、独特性和感染力等（罗金华，2013；王梦君、唐芳林、孙鸿雁等，2014；周兰芳，2015）。适宜性条件包括面积、范围、资源类型、游憩价值、资源管理与开发五项。可行性条件包括管理目标的可靠性、国有产权的主体性、可通达性、社会环境协调性和地方积极性（唐芳林，2014；虞虎、钟林生，2019；何思源、苏杨，2019）。

此外，在这三方面的基础上，还有学者提出四个维度的评价标准。如创新性地添加环境状况评价层。环境状况包括环境氛围和环境质量两个项目层。环境氛围包括面积适宜度、环境优美度和环境脆弱度三个评价因子，环境质量包括大气环境、水文环境、土壤环境和噪声环境三个评价因子，分别参考环境空气质量标准、地表水环境质量标准、土壤环境质量标准、声环境质量标准的分级标准（刘亮亮，2010）。创新性地增加保育条件评价层，这一评价层由保育情势和保育措施两方面构成。保育情势包括现状和前景，保育措施通过保育规划、保育行动和环境监理三个方面进行评价（罗金华，2013）。

也有学者运用模糊数学法综合评价我国现有的9个国家公园体制试点单位,并构建中国国家公园准入标准,包含面积、资源级别、人类足迹指数和功能全面性4个方面。其中,功能全面性包括科学功能、教育功能和游憩功能(田美玲、方世明,2017)。

五、小结

综上所述,国外对国家公园的研究与实践始于1872年,起步较早,至今已形成了较为成熟的研究体系与发展模式;而国内对国家公园的研究则开始于20世纪80年代,近几年才开始增多。目前,现有中文文献研究主要集中在辨析国内外国家公园内涵与特征、介绍国外国家公园管理模式和建设经验、提出我国国家公园建设途径以及试点单位运行案例等方面。同时,相关专家也提出目前中国国家公园在国家公园设置、管理机制、经营机制、规划体系、法律法规等方面都需要进行分析和研究,特别对中国的自然保护地产权不清、政出多门、九龙治水等交叉重复问题提出批评。

为了解决这一问题,一些学者也提出了国家公园准入评价指标体系的构想,但构建的指标体系还不够全面,且设置的指标多是在国家公园体制方案出台前,仅参考了国外国家公园设置的标准制定的,没有依据最新的中国国家公园体制方案进行设置,并且在实践操作中也没有进行良好的实证检验。

因此,结合中国国家公园体制方案,建立中国情境下的国家公园准入评价指标体系可以帮助更多自然保护地申报进入国家公园,已经成为当前我国国家公园体制改革的重要内容,受到国家和各部门重视、社会多方关注,在此背景下,本著作明确国家公园内涵,科学构建评价指标体系,确定指标权重,并以河南省伏牛山、云台山等自然保护地为例进行实证研究,检验评价体系的可靠性和有效性,旨在更加科学合理有效地推进国家公园体系在中国的建立和发展。

第二节 理论基础

一、新公共服务理论

20世纪70年代,在西方很多国家,新公共管理运动开展迅速,主要倡导公共行政部门的企业化管理技术改造,以此提升公共行政效率(杨国良,2009;杨博、时溢明,2010)。然而随着改革实践深入发展,新公共管理出现了忽略公共性、公平和民主价值的现象,遭到大量学者和实践家不同角度的质疑。基于对新公共管理的反思,尤其是针对作为新公共管理理论精髓的企业家政府理论缺陷的批评,以美国著名公共行政学家罗伯特·B·登哈特为代表的一批公共行政学者建立了一种新的公共行政理论,即新公共服务理论。

所谓"新公共服务",指的是关于公共行政在以公民为中心的治理系统中所扮演的角色的一套理念。从公民权利、公共对话、社会资本三个维度标准来检验公共行政发展的水平(张治忠、廖小平,2007;李庆雷,2012;高明、陈丽,2017)。其基本内涵主要有以下几个方面。

第一,政府的职责是服务而非掌舵。强调政府的职能定位为服务,应该将工作重点放在建立具有完整性和回应性的公共机构上,在处理问题时更多地要扮演"调停者""中间人"。官员不是其机构和项目的主人,他们的职责既不是单一的掌舵,也不是划桨,不仅仅是控制或引导新方向,而是协助公民表达并实现共享的公共利益。

第二,公共利益是政府追求的目标而非副产品,行政人员的最终目标是实现公共利益。一切行政活动都要围绕公民利益的实现而开展,致力于建立一种集体的、共同的利益观念。公共行政组织必须致力于建造一个共享的、集体的公共利益观念,其目标不是去寻找个人选择的快速解决方案,而是要创造分享利益和分担责任。

第三,重视公民权和公共事务。公民权和公共服务比企业家精神更重要。公共行政组织不仅要分享权力,通过人民来进行工作,通过中介服务来解决公共问题,而且必须将其在治理过程中的角色重新定位于负责任的参与者,而不是企业家。

新公共服务理论在国家公园的运用主要表现在以下几方面。

第一,新公共服务理论强调政府的职能是服务而非掌舵,同样,国家公园管理理念也强调政府在解决问题的过程中应变"掌控者"为"中间人""调停者"。国家公园在为社会公众提供物质和精神享受的同时,也需要学者、公园管理者、企业家、志愿者等参与国家公园的管理与维护。那么,在国家公园建设中,政府应将社会组织、私人组织以及公民集中起来,为他们积极参与国家公园治理营造一个平等、和谐的氛围,共同为解决国家公园问题出谋划策。同时应妥善处理好政府与市场的关系、不同层级政府的事权分配,进一步明确政府自身职责,履行对自然资源的照看义务。

第二,新公共服务理论强调公共利益是目标而非副产品,认为行政官员在从事包括政治、经济、文化、环境等各种领域的一切活动中,都应该将公共利益摆在第一位。国家公园体制坚持全民共享,致力于重新构筑中国自然保护地体系,提升生态系统服务功能,为公众普及自然环境知识,提供亲近、体验和了解自然以及游憩机会。当代和后代公民均可享受国家公园带来的优质空气、水、土壤等生态产品,享受游憩权利和观赏服务,同时还可以从其提供的资源、娱乐项目等经济产品中得到获益机会,可以说由国家公园产生的这些生态效益和社会效益,是一种民众福利。因此,国家公园的产品形态应属于公共产品或公共服务。国家公园为公共利益而设,为全民提供公共生态产品,是一个非营利性、公益性的保护区。

第三,强调"以人为本"的价值取向。新公共服务理论强调"公民权和公共服务比企业家精神更重要",认为政府必须树立人文关怀理念,在解决社会问题过程中要更加尊重公民意愿,保障公民的发言权,通过民主协商最终达成共识。国家公园理念同样强调要坚持"以人为本"的价值取向,尊重公民关于国家公园管理的发言权,鼓励公众参与,调动全民积极性,激发自然保护意识,增强民族自豪感。在政策制定环节上听取并采纳公民合理的建议,在国家公园管理过程中积极调动社会组织、私人组织以及公民广泛参与。同时,通过不断拓宽公民参与渠道、完善公民参与机制等措施来切实维护公民利益。

二、可持续发展理论

"二战"结束后,在第三次科技革命完成的背景下,全球经济飞速发展。然而随之而来的却是人口膨胀、资源短缺、环境恶化、生态发展不平衡等一系列危及人类生存发展的问题。1962年美国卡逊《寂静的春天》的发表,阐述了自工业革命以来发生的重大危害事件,首次将环境污染这一严重问题摆在世人面前,震惊了全球。随后,《增长的极限》认为防止世界大系统崩溃则必须放慢经济增长及停止人口膨胀。1972年,在瑞典举行的联合国人类环境研讨会上首次正式提出和讨论了可持续发展这一概念。与会的全球工业化和发展中国家代表共同界定了人类在缔造一个健康和富有生机的环境上所享有的权利(吴宝林,2014)。1980年国际自然保护同盟发布《世界自然资源保护大纲》,旨在促使各国通过保护生物资源的途径,达到自然资源永续利用的目的,促进全球持续不断发展。1987年,在世界环境与发展委员会出版的《我们共同的未来》报告中,Gro Harlem Brundtland将可持续发展定义为:"既能满足当代人的需要,又不对后代人满足其需要的能力构成危害的发展。"此后这个定义被广泛接受并引用,成为可持续发展的经典定义。1992年6月,联合国召开了"环境与发展大会",通过了《里约环境与发展宣言》《21世纪议程》等文件。从人口、环境、资源和发展方面对可持续进行了阐述,提出可持续发展战略,引导全球各个国家付诸实践。随后,中国政府编制了《中国21世纪人口、资源、环境与发展白皮书》,将可持续发展战略融入我国经济和社会发展的长远规划中。1997年的中共十五大确定可持续发展战略为我国现代化建设中必须实施的战略,包括社会、生态和经济的可持续发展。

可持续发展倡导在保护自然资源环境的基础上,在资源和环境的可承载能力内推动经济和社会发展,改善和提高人类生活质量,其基本原则包含持续性原则、公平性原则和共同性原则。持续性原则即维持人口、资源、环境和发展的动态平衡。公平性原则即代际、人际、区际和人与自然之间的公平,注重同代人与后代人之间、同代人中一部分人与另一部分人之间、不同国家和地区之间、人类与其他生物种群之间的公平性。共同性原则即各国共同参加推进经济发展和环境保护,可持续发展是全球统一的、整体性的目标。可持续发展战略目标的实现需要从管理、法制、教育和公共参与等方面共同推进。

国家公园内的资源在国家乃至世界均有重要的意义和典型性。自然资源能够起到保护全国或某一区域的生态、环境、气候的作用,人文资源能够反映某一历史时段某一地区的灿烂文化的作用,均具有重要的科研、教育、观赏、游憩价值。对国家公园内的高山、河流、森林、湖泊、珍稀动植物、人文史迹等资源的保护直接关系到整个人类的物质文明发展环境和历史文化精神文明的发展。

因此,在国家公园开发与建设过程中,应始终坚持可持续发展,始终坚持生态保护这一红线,建立保护地管理长效机制,不仅为当代人保留游憩、教育、科研场所,也为后代人留下宝贵遗产。坚持国家公园生态保护第一位的原则,保护公园内各类资源,保护生态系统的原始性和完整性,保护生物多样性。将开发利用控制在资源和环境的承载范围内,实现社会和自然环境共同提升和均衡发展。同时,国家公园不仅要解决保护地本身管理体制问题,还应探索一条缓解人地关系矛盾、提升周边社区发展、推动公众环境教育的道路,惠及多方利益相关者。

三、复杂适应性理论

复杂系统理论采用整体论与还原论、自适应与他适应相结合的系统分析方法来解决非线性、不确定性、多时性、涌现性、高阶次、多回路等复杂性特征问题和复杂系统动力学问题。该理论很好地指导了社会、军事、经济、生态、旅游等学科领域的难题,得到了广泛应用。

在复杂理论基础上,约翰·H·霍兰(John H·Holland,2000)提出了复杂适应性理论及复杂适应系统模型。他认为复杂适应系统是由规则描述的、相互作用的主体组成的系统。这些主体能够根据经验,来调整其动作以此适应新变化,可称他们为适应性主体。其他适应性主体是特定适应性主体所处环境的主要部分。任何主体均为了适应其他主体而努力调整自己,从而生成复杂动态模式,是复杂适应性系统的根源。

复杂适应系统有四个特征:聚集、非线性、流动性和多样性。①复杂适应系统由许多会自我管理、关系并列的主体构成,不存在控制中心。②主体能够意识到自己可与其他主体相互作用,共同构造自己的生存的环境。并能够根据其他主体的行动来做出反应,调整自己的行动,不断地改变和演化环境,创造出新奇特征。③主体不断地组织和再组织自己,以提高自己的层次。主体可以不断地组织和再组织自己,扩大层次规模,使其成为较高层次主体。当外部条件改变时,这些主体被打乱,进行调整、修改和联合重组,主体会进行一次新的主动学习、适应和演化,并把这些信息或经验嵌入到系统结构中。参考这个内部模型,用以指导一定条件的变化,在某种程度上预测未来。虽然主体可以做出预测并采取特殊的行为,但由于环境复杂,变化迅速,各种可能性均可出现,因此它们找不到实际更优的方法来指导其行为(金吾伦、郭元林,2004)。

国家公园体制是对我国现有自然保护地体系的一次重大改革,涉及各个方面,包含社会、政治、经济、历史、文化、资源、管理等不同类型系统,且多重层级,利益相互交错,是一个复杂系统。其复杂性主要体现在两个方面。一方面,中国国家公园管理系统的复杂性。现有管理主体纵横交错,虽然已经组建了自然资源部,加挂国家公园管理局的牌子,但仍存在与住建部、环保部、国土部、水利部、农业部等相关部门,以及与地方省政府、市政府、县政府以及相关保护地管理部门等的交互关系。利益相关者具有多重性,利益分配复杂。国家公园的集体土地比例较高,利益分配难度大,部分公园内还存在原住民、商业体等,同时还要维护旅游者的旅游体验感和舒适度等,这些多元利益主体都是公园管理中要考虑的对象。另一方面,中国国家公园价值系统的复杂性,即保护与开发的平衡性问题。国家公园首要任务是保护生态环境,同时得满足公众科研、教育、游憩、娱乐等需求,存在保护和开发的均衡问题。过度注重任何一方面必定会损害另一方面利益,均会引起另一方面变化。如何制定科学合理的开发规划和保护方案是一个复杂问题。

国家公园准入的复杂适应性就在于如何构建一个评价指标体系,可以反映出国家公园资源价值系统,体现公园的复合型功能。同时不同指标可以综合反映出公园的开发与保护之间的动态关系,合理处理不同利益相关者的利益分配问题,即解决主体系统问题和生态系统问题。且各级指标的打分和权重的设计能够综合反映出公园的实际状态,避免出现得分与实际情况不符的现象,以确保筛选出的保护地确实具备建立国家公园条件,同时通过各打分情况的高低,来判断现有情况下各个方面的优劣程度,指导保护地对其劣势方面进行提升改善,优势方面继续保持,以确保顺利进入国家公园体系。

四、生态管理理论

美国的生态管理理论起源于20世纪70年代,于20世纪90年代成为研究和实践的热门。理论基础十分广泛,涵盖生态学、生物学、经济学、管理学、社会学、环境科学、资源科学和系统论等学科领域(潘祥武、张德贤、王琪,2002)。旨在解决发展和生态环境保护之间的冲突,运用生态学、社会学和经济学等跨学科原理和现代科学技术来管理人类行动,最大限度地降低对生态环境造成的影响,从而实现经济、社会和生态环境协调可持续发展。

生态管理极具复杂性,因此其理论和实践至今仍处于发展中,目前存在以下共识。①强调经济、社会与生态平衡可持续发展,这是生态管理的目标所在,与可持续发展目标相一致,不再赘述。②管理形式从传统单一的线性长期确定性管理转向循环渐进式管理。即传统管理方式的假设条件是对管理对象有全面、定量和连续性了解,对未来有完全预测和把握,并据此制定了长期确定的管理方案。而基于生态管理思想提出的管理方案则是不确定的,管理方案随着试验结果和可靠的新信息,进行调整和变化。这主要是因为生态系统结构和功能极其复杂,任何一点变化都可能会引起整个系统结构变化,而人类还没有深入了解到它的反应特性,不能对其未来发展趋势做出预测,所以只能以预防优先为原则,以免造成不可逆的损失。同时随着系统变化而调整相应的管理措施。③强调用整体性和系统性眼光来管理生态系统。个体和社会均是自然界的重要有机组成部分,他们与生态系统之间相互依存相互影响,个体和社会行为会直接影响到生态系统。生态系统改变也会反作用于人类。此外,生态系统内部的所有组成部分,如动物、植物、地形、地貌、水、空气、土壤等之间也存在着复杂的相互影响关系。任何一事物变化均会影响到其他事物改变。因此要用整体性和系统性思维看待和指导事务,以发展眼光看代事务,防止牵一发而动全身。从而达到推动社会经济系统和保护自然生态系统协调、稳定和持续发展。④强调更多公众和利益相关者更广泛地参与进来。生态管理是一种开放民主的而非保守专制的管理方式。他强调公众利益相关者包括资源所有者和集体单位、享受生态服务的旅游者、生态管理部门等。

国家公园管理最重要的一项任务就是生态管理,国家公园强调是以保护具有国家代表性的大面积自然生态系统为主要目的,实现自然资源科学保护和合理利用的特定陆地或海洋区域。国家公园体制是贯彻生态管理的基本理念和精神,它关注自然生态、经济生态和社会生态的全面协调,因此,必须依据生态管理理论对国家公园进行管理。

第一,综合各种方案,筛选出科学合理的方法和技术,对保护地生态系统资源进行摸底清查,评价其等级,对其赋存状态和保护现状进行评估,并制定出保护规划方案。

第二,生态管理强调整体性和系统性,国家公园管理涉及社会、经济、政治、思想和行为等范畴,必须要形成生态化管理系统,杜绝人类过度干预和开发,避免对公园内自然环境和生态造成污染和破坏,以维持其原真性和生物多样性,促进社会相关关系的生态感知。国家公园不仅具有生态保护功能,同时得满足游客游览、求知、接受科普教育的需求,因此要制定合理的生态保护政策等,指导生态游憩,开展游客环境教育等活动。通过分析保护现有的经济、管理、生态现状,对其各项指标进行评价,制定出各类资源科学合理利用的管理模式。充分发挥土地、森林、高山、水域、矿产等各类资源价值,使其在科学合理的情况下,达到生态效益和经济利益最大化。

第三,生态管理强调更多公众和利益相关者的广泛参与,要构建国家公园生态友好型关系。充分调动资源所有者、管理者、经营者、游客、原住居民等利益相关者积极性,强化其生态管理理念和责任,提高节能减排的意识和能力,共同促进国家公园生态系统维护。

第四,运用生态管理理论制定科学合理的国家公园前期准入、中期评价和后期实施标准等,将保护地内资源的生态价值和生态保护状态作为重要评价因子,并兼顾其开发利用条件和管理制度因子,兼顾各个利益相关者利益,在实施过程中对各项指标和权重进行不断修正与补充,将公园发展控制在生态环境承载力内。

第三章 世界国家公园发展现状

自1872年世界第一个国家公园建立以来,在平衡自然保护地的科学保护及合理利用等方面起到重要作用,国家公园逐渐成为国际社会普遍认同的自然生态保护模式,并被世界大部分国家和地区采用。目前,已经有100多个国家建立了近万个国家公园,对保护本国自然生态系统和自然遗产发挥着积极的作用,实现了自然和文化遗产的代际传承。经过一个多世纪的发展,国家公园的理念不断演变,内涵日渐丰富,从早期专注自然生态保护到后期兼顾自然与文化遗产保护,到现在演变成兼具资源保护和为人类提供体验自然、学习科普知识和陶冶身心等多重功能。国家公园理念在各国的资源保护与管理实践中得以不断扩展、凝练和升华。

由于各个国家、区域的经济实力、发展水平、人口数量和资源权属不同,不同国家的国家公园的发展特点与建设方向也各有特色。有以美国、加拿大为代表的管理体制完善、公益性较强的美洲模式,有以俄罗斯为代表的实行严格保护的东欧模式,有以英国、德国为代表的多机构协同工作的西欧模式,有以日本、韩国为代表的在人口密度大的区域建立国家公园的东亚模式,有以野生动物保护为特色的非洲模式,有以澳大利亚、新西兰为代表的大洋洲模式。中国国家公园体制建设需要符合本国国情,又要学习国外先进建设经验,与国际接轨。因此,需要结合中国自身情况,充分考虑空间均衡性、保护地体系复杂性和土地权属多样性等因素,对世界国家公园的建设与发展现状进行分析,学习具有代表性的国家公园建设与发展经验,为解决中国国家公园所面临的问题和挑战提供具有针对性的借鉴和建议。

第一节 美洲国家公园

一、美国国家公园

美国是最早建设国家公园的,自黄石国家公园成立之后,美国国家公园迅速发展起来。美国国家公园是美国最宝贵的历史遗产中的一个,它作为美国人的公共财产,得到管理并让后代享用,从而得到保护和维修。美国利用国家公园保护国家的自然、文化和历史遗产,并让全世界通过这个视窗了解美国的壮丽风貌、自然和历史财富以及国家的荣辱忧欢。

1. 发展历程

美国国家公园的发展历程可分为萌芽阶段、体系成型阶段、再发展阶段、生态保护与教育并重阶段。

(1) 萌芽阶段

1872年,通过《黄石法案》,建立了世界上第一个真正意义上的国家公园,确定了国家公园的目的是保证人民的利益与娱乐,由美国内政部长统一管理。1906年,通过《古迹法》,主要是为了保护史前悬崖建筑遗址、印第安文化及西南方的一些历史遗址而制定的,该法案规定总统有权不经过国会将有保护需求和意义的历史地标、历史建筑及有历史或科学价值的私有或公有区域直接立法授名为国家纪念地,同时规定未经司法允许禁止在联邦所有的古迹地进行任何形式的挖掘或移动,目前美国国家公园体系中的1/4保护地都是根据该发展设立的。

(2) 体系成型阶段

1916年,通过《组织法案》,成立了国家公园管理局(NPS),将内政部管理现有的14个国家公园、24个国家纪念地全部交由国家公园管理局进行管理,同时,该法案明确了国家公园管理局的根本任务、理念及相关政策。1933年,罗斯福改革将其他部门(如国家林业局)管辖的国家公园、国家纪念地全部划到国家公园管理局进行管理,赋予国家公园管理局管理美国首都华盛顿特区已建或将建的国家公园,罗斯福改革意义重大,不仅扩大了美国国家公园管理局的管辖范围,还明确了国家公园管理局作为美国唯一公园管理单位的权属和地位,此后国家公园管理局又添加了一项重要任务:对历史地区、历史保留地进行管理。1935年,通过《历史遗址保护法案》,该法案为美国国家公园管理局扩张历史类国家公园项目提供法律基础,并加强国家公园管理局服务公众教育的功能,编制科学完善的国家公园科普解说系统。

(3) 再发展阶段

1956—1966年间,实施"66计划"迎接美国国家公园管理局成立50周年,通过政府拨款,全面升级国家公园设施,员工素质和国家公园管理水平也得到明显提升,该计划为期10年,建成了十几个国家公园游客中心,几百栋员工宿舍楼,以及员工培训中心。1964年,通过《原野法》,为了美国当代人和后世的利益,该法案要求美国国家公园管理局重新调查国家公园体系内和体系外所有的原野地,并进行归总统一保护作为国家荒野保留地,以供民众休闲游憩,禁止在这些地方进行资源消耗性的开发。1965年,通过《土

第三章 世界国家公园发展现状

地和水资源保护基金法》,该基金是为公园内或临近公园的游憩区域建设而设立的,并重点支持新公园的建设,基金资金主要来源于国家公园体系内所有公园的合法买卖、税收及其他正当收益。1968年,通过《原生风景河流法》和《国家步道系统法》,这两个法案壮大了国家公园体系的规模。1969年,通过《志愿者法案》,为国家公园的解说与游客帮助提供志愿者支持。

(4)生态保护与教育并重阶段

1970年,通过的《一般授权法》重新定义了美国国家公园体系,包含公园、纪念地、纪念碑、历史地、公园步道及其他休闲区域,扩展了国家公园体系的内涵。1973年,通过《濒危物种法》,要求禁止买卖、拥有及伤害濒危物种,这为美国国家公园体系中的物种保护提供了法律支持。1978年,通过《红木修正法案》,该法案为保护红木免遭砍伐扩大了红木国家公园的生态保护边界,重新划定国家公园的保护边界范围。1978年,通过《国家公园及休闲法》,增加了国家休闲区进入国家公园体系。1980年,通过《阿拉斯加国家土地保护法》,增加了美国国家公园管理的面积。1992年,为庆祝美国国家公园管理局成立75周年召开纪念会议,会议解决了国家公园管理局面临的问题和对未来国家公园体系发展进行了规划,会议文件被称为"维尔议程"。1998年,通过《国家公园系列管理法案》,这是关于美国国家公园管理体制的第一次立法,明确美国国家公园管理局的权利与责任,法案允许国家公园在特许经营方面获得更多的自由与权益。

2. 美国国家公园现状

美国的国家公园法律制度体系比较完善,包含的各种类型也极为丰富,从广义上来说,美国国家公园是以公园、保护区、公园大道、游憩或其他目的由国家公园管理局管理的陆地和水域范围的总和,包括国家公园、国家公园大道、国家战场遗址、国家战场公园、国家战争纪念地、国家军事公园、国家历史公园、国家历史遗迹、国际历史遗迹、国家湖滨、国家纪念地、国家纪念碑、国家保护区、国家保留地、国家休闲地、国家河流、国家野生风景河流与河道、国家风景游路、国家海滨等,合计400处。从狭义上来说,特指国家公园,不包含其他类型的国家区域,截至2019年12月,美国直接命名的国家公园共有62座。这些国家公园属于广阔的、风景优美、科学价值极高的土地或水域,包括一个或多个独特的属性,如森林、草原、苔原、沙漠、河口或河流系统,可能包含过去地质历史的窗口;可能包含壮观的地形,如山脉、台地、热区和洞穴;可能是丰富的或稀有的野生动物和植物的栖息地。美国国家公园管理采用的是中央集权型管理体制,以"内务部—国家公园管理局—地方办公室—基层管理机构"为主线的相对独立的垂直管理体系。美国国家公园的财政开销主要依靠政府拨款和社会公益基金。同时,形成一套行之有效的特许经营制度,充分发挥公共资源在基础市场配置中的作用,也为国家公园的保护与发展提供了一定的收入来源。美国国家公园的公益性和科教性决定了其门票价格较为优惠,但是大量游客的其他消费带来了丰厚的收入,主要是餐饮、住宿和旅游服务方面,但也需要注意过度的开放和旅游,对国家公园生态环境保护还是有一定影响的。

3. 美国国家公园准入门槛

想要入选美国国家公园,资源需具有全国性意义:它是某特定类型资源中的杰出典型;或在解释国家遗产的自然或文化主题方面具有极高价值;或为公众利用、欣赏或科学研究提供了最佳机会;或保留下了高度完整的具备真实性、准确性和相对破坏小的资源典型。

在自然资源方面,它是解释广泛存在的地形和生物分布区的杰出地域;或曾经广泛分布,但由于人类定居和开发正在逐步消失的残存的自然景观或生物区域;或长期以来一直是某地或全国极其特殊的地形或生物区域;或具有极丰富的生态成分多样性(物种,群落或栖息地)或地质特征多样性(地形及可见的地质过程现象);或生物物种或群落在特定区域的自然分布使其具有特别意义(如一个较大的种群出现在其分布区的极限地带或是一个孤立的种群分布);或稀有植物和动物集中分布的区域,特别是那些经官方认定的渐危或濒危物种;或是保证某物种继续繁衍的关键避难所;或拥有稀有的或数量特别大的化石贮存;或包含具极高风景品位的资源,如出神入化的地貌特征、特殊的地形或植被对比、壮观的深景或其他特殊的自然资源。

在历史人文资源方面,可以说明或解释国家遗产中具有极高价值或品质,并具有区位、设计、环境、材料、工艺、情感和联想等方面高度完整性的地区、位点、建筑物或物件。国家公园内的人文资源是一些与重大事件有联系的资源,这些事件对美国历史具有重大贡献,或者是美国历史上广泛形成的民族精神的杰出代表,通过这些资源,能让人们更好地了解这些民族精神并对其产生敬意;或是一些与美国历史上具有全国性影响的人物有重要联系的资源;或包含某种建筑样式的显著特点,对于研究某个时期、某种风格或某种建筑手段具有极高价值,或者虽然其组成单元不具备特殊性,但其整体具有与众不同的特殊价值;或一些由多个部分构成的资源,从历史渊源和艺术特征来考虑,虽然其各个部分都不足以被认定为具有重要意义,但其整体具有极高的历史或艺术价值,或者对于纪念或说明某种生活方式或某种文化具有极高价值;或者一些已经产生或通过揭示新的文化等可能产生具有重大科学价值信息的资源。这里需要注意,一般性的公墓、历史人物的墓地、宗教机构拥有或用于宗教用途的财产、已经不在初始地的建筑物,或者影响时间不超过50年的历史建筑和财产的重建物将不适合纳入美国国家公园体系,除非它们具有出类拔萃的重要性,除非它们具备内在的建筑或艺术意义,或者除非再也找不到其他与其主题有关的文化区域。

在景观游憩资源方面,国家公园内由地形、地貌、土壤、水体、植物和动物等所构成的综合体要具有特色,不但具有重要的科研价值,同时具有观赏价值,为公民提供一定的休闲游憩机会。

要成为美国国家公园体系的一员,除了要拥有具全国性意义的资源以外,还必须符合适合性和可行性标准。所谓适合性,是指某区域代表的自然或文化主题或游憩资源类型在国家公园体系中还没有充分体现,或者其代表性是不可比较的,是由其他土地管理实体负责保护和提供公众欣赏服务的。代表的充分性是在把提案成员与国家公园体系中的成员进行个体对个体的比较基础上做出决定的,通过这种比较来分析两者在特征、质量、数量、资源组合及为公众提供游憩机会等方面的差异性和相似性,用以确定是否将提案成员纳入国家公园体系。可行性是指某区域的自然系统和(或)历史背景必须具有足够大的规模和适当的结构,以保证对资源长期有效的保护并符合公众利用的要求。它必须具备在适当成本水平上维持高效率管理的潜力。重要的可行性因素包括:土地所有权、获取成本、可进入性、对资源的威胁、管理机构或开发需求等。

二、加拿大国家公园

加拿大地处北美大陆的北半部,西邻太平洋,东临大西洋,北靠北冰洋达北极圈,南面与美国接壤。加拿大地域辽阔,森林覆盖面积占全国总面积的44%,居世界第六。加拿大东部为低矮的拉布拉多高原,东南部是五大湖中的苏必利尔湖、休伦湖、伊利湖和安大略湖,和美国的密歇根湖连接起来形成圣劳伦斯河,夹在圣劳伦斯山脉和阿巴拉契亚山脉之间形成河谷,地势平坦,多盆地。伊利湖和安大略湖之间有壮观的尼亚拉加大瀑布;西部为科迪勒拉山系的落基山脉,许多山峰在海拔4 000米以上,最高山洛根峰,位于西部的洛基山脉,海拔为5 951米;北极群岛地区,多系丘陵低山,受极地气候影响冰雪覆盖;中部为大平原和劳伦琴低高原,面积占国土的一半左右。加拿大在保护地系统方面居世界领先地位,国家公园占有很大比重,是世界上较早建立国家公园的国家之一,能够有效保护重要的、有代表性的自然地区(如近北极区域的生态环境和生物群落),鼓励公众了解、鉴赏和享用这些自然资源,并让后代也可以完全享有这些资源。加拿大政府将1885年11月25日定为国家公园诞生日,经过100多年的发展,目前共设立38个国家公园和8个国家公园保护地系统。

加拿大保护地系统分为国家层次、省/地区层次、区域系统三个层次。

国家层次主要是加拿大遗产部国家公园局管理的国家公园和国家海洋保护区,由加拿大环境部野生动植物保护局管理的国家候鸟禁猎区和国家野生动植物保护区,由国家首都委员会管理的国家首都保护地等。省/地区层次主要是加拿大各省的省立公园系统和省级野生动植物保护地系统。区域系统是某一重要自然保护地专有的保护系统,如尼亚加拉断崖地区管理委员会系统、格兰德河流域保护委员会系统等,保护区域的管理者和周边土地的拥有者共同规划与管理该区域,实现区域的生态保护与可持续发展。

1. 发展历程

加拿大国家公园的发展历程可分为注重经济利益阶段、注重生态保护阶段、以生态完整性为目标的完善阶段。

(1) 注重经济利益阶段

加拿大最早建立的国家公园是位于落基山脉的班夫国家公园,它是仅次于美国黄石国家公园的世界第二个国家公园。当时在该区域发现了地热温泉资源,联邦政府和相关企业共同开发,建设了这一区域。当时加拿大还没有成型的国家公园体系,建设公园的目的更多是为了吸引游客前来旅游消费,而不主要是以保护资源与环境为目的。但为了营造良好的旅游环境,相关伐木、放牧和采矿等破坏环境的活动也是被禁止的,这在一定程度上也保护了该区域的自然生态环境。

(2) 注重生态保护阶段

1911年,加拿大通过了领土森林保护区和公园行动计划,原有公园里的一部分用于游憩的土地被划出来作为森林保护区,用于保护野生动物。1930年,加拿大国会通过了国家公园行动计划,确立了加拿大国家公园的宗旨是为了加拿大公民的利益,服务于加拿大公民,具有科普教育和休闲游憩功能,通过保护和管理,使后代也能享有同样没有遭到破坏的自然环境与资源。国家公园的建立和已经存在的国家公园区域变更需要得到国会的批准。1960年以来,环境问题受到广泛关注,1963年,加拿大成立国家和省立公园协会,这是一个非政府组织,非常注重国家公园和自然保护地的生态环境问题,由此加拿大国家公园的价值取向开始由开发利用转向生态保护,国家公园的自然资源和生态环境保护问题开始得到重视。

(3) 以生态完整性为目标的完善阶段

1990年以来,国家公园的生态完整性成为加拿大国家公园发展的目标。生态完整性反映生态系统在外来干扰下维持自然状态、稳定性和自组织能力的程度,是生态系统在特定地理区域的最优化状态,在这种状态下,生态系统具备区域自然生境所应包含的全部本土生物多样性和生物学结构,其结构和功能没有受到人类活动胁迫的损害,本地物种处在能够持续繁衍的

第三章 世界国家公园发展现状

种群水平,生物群落的丰度、变化速率和支持过程在它所在自然区域是典型的。国家公园在保护原始的生态系统和野生动物生存环境发挥了重要作用,不但给人们提供亲历原始生态系统的机会,同时也作为评估人类活动对自然资源环境影响的基准。尽可能减少人类在国家公园内的消费程度和活动范围,使人类的游憩活动应该对国家公园的生态环境产生较少的影响。加拿大国家公园管理处与大学、研究机构、工业部门、当地政府和原住民充分合作,一切政策都以保护生态完整性为首要目标,在这一时期除了完善陆地国家公园系统,也开展了海洋国家公园的建设。

2. 加拿大国家公园现状

加拿大国家公园管理部门根据自然地理、植被类型、地貌特征、气候特征和动物谱系等区域特征,把全国划分成39个陆地自然区域,要求每个自然区域都应该在国家公园系统中有所代表。在每一个自然区域内确定一些自然小区,最大限度地包含多种自然主题,如生物、地质、地文、地貌等,这些自然小区被称为具有加拿大重要性的自然小区,潜在的国家公园就是从中选出来的。

国家公园系统规划方案的出台,是加拿大政府对国家公园系统的大盘点,它指明了国家公园未来的发展方向,从科学意义上填补国家公园的地域空白,从而真正完善自然地域意义上的国家公园系统,在39个自然区域内,至少建立一个具有生态代表性的国家公园。目前,加拿大国家公园面积达到50万平方千米,约占加拿大国土面积的5%,代表全国39个陆地自然区中的25个,其中面积最大的是森林野牛国家公园,面积4.4807万平方千米;面积最小的是圣劳伦斯岛国家公园,面积仅8.7平方千米。

3. 加拿大国家公园准入门槛

要想入选加拿大国家公园,首先通过政府和法律的承认。1930年提出并于1988年修正的国家公园行动计划规定国家公园的建立必须得到上、下议院的许可,每个国家公园必须制定正式的管理规划。

禁止对国家公园内的各种资源进行开采,诸如采矿、林业、石油天然气和水电开发、以娱乐为目的的狩猎需要进行严格限制,但对于国家公园区域内的原生态居民的传统资源利用方式可以继续保留,如印第安人打猎、捕鱼和诱捕动物等活动在区域内是得到允许的。

为了保护生态完整性,也许要注重生态环境的极端状况,对火灾和病虫害进行一定的干预,特别是这些问题已经对周围土地产生严重负面后果,危险公众的健康与安全时,濒危物种的继续生存已经受到病虫害的严重威胁、自然力量不能维持预计的动物种群增长和植物群落演替过程时,就需要进行人为介入和干预,保护自然生态环境达到一定的平衡。

在游憩管理方面,国家公园不排斥旅游活动,但不把旅游活动放在一个主要的位置,旅游活动必须在维护生态完整性的基础上进行。为了达到保护和利用的双重目的,国家公园区域被分为特殊保护带、原始生境带、自然环境带、户外游憩带和公园服务带,特殊保护带严禁机动车进入和游憩设施的修建,加拿大根据所有游憩对国家公园生态完整性的影响,提出可以开展的42类游憩活动类型,并对游憩活动提出明显的限制条件。

国家公园的设立与发展,还必须有社会公众和当地居民的参与,参与到国家公园的政策制定、管理规划等相关事宜。并且注重国家公园区域内的原住民在国家公园管理中的作用,与他们真正建立起合作伙伴关系,尊重原住民的生活习惯和文化需求,平衡原住民与国家公园自然资源与环境保护之间的关系。

三、巴西国家公园

巴西位于南美洲东部,地跨西经35°到西经74°,北纬5°到南纬35°。东临南大西洋,北面、西面和南面均与南美洲国家接壤。巴西的地形主要分为两大部分,一部分是海拔500米以上的巴西高原,分布在巴西的中部和南部,另一部分是海拔200米以下的平原,主要分布在北部和西部的亚马逊河流域。全境地形分为亚马逊平原、巴拉圭盆地、巴西高原和圭亚那高原,其中亚马逊平原约占全国面积的1/3,为世界面积最大的平原;巴西高原约占全国面积60%,为世界面积最大的高原。最高的山峰是内布利纳峰,海拔2994米。巴西境内有亚马逊、巴拉那和圣弗朗西斯科三大河系。河流数量多,长度长,水量大,主要分布在北部平原地区。巴西大部分地区处于热带,北部为热带雨林气候,中部为热带草原气候,南部部分地区为亚热带季风性湿润气候。亚马逊平原年平均气温25~28℃,南部地区年平均气温16~19℃。

国家公园是巴西最古老的保护区类型,巴西国家公园的发展目标是保护具有重大生态重要性和风景秀丽的生态系统,让人们接触自然,同时支持科学研究,环境教育,娱乐和生态旅游。国家公园由巴西环境部下属的奇科门德斯生物多样性保护研究所来管理。

1. 发展历程

巴西国家公园的发展历程可分为萌芽阶段、成长阶段、成熟阶段。

(1)萌芽阶段

巴西最早的国家公园——伊塔蒂亚亚国家公园建立于1937年,自此以后很多国家公园开始在巴西建立。巴西许多国家公园起源于联邦或州用于各种研究或保护目的的林业储备,后来这些保护区捐赠给联邦政府成立国家公园。早期国家公园建设主要考虑的是游憩和公园的经济属性,大多建在人口密集的沿海地区。

（2）成长阶段

20世纪70年代到90年代，巴西国家公园开始在内陆设立，1974年亚马逊国家公园建立，是亚马逊流域第一个国家公园。1978年，巴西已经建设18个国家公园，每一个国家公园都具有自身特色的自然资源与生态环境。1990年，巴西国家公园数量增加到33个，但由于补偿土地所有者或使用者和制定相应管理计划花费巨大，由于资金有限，很多国家公园只是先期保护起来，没有向公众开放。另外，由于建设国家公园基础设施和工作人员的人力资源成本巨大，即便国家公园从游客获得一些收入，但是还不足以覆盖这些成本花费，依然需要联邦政府和相关机构的资金支持。1998年，巴西一些国家公园尝试了公共服务外包，向私营企业发放特许经营权，为游客提供餐饮、交通、公园休闲、冒险活动服务，游客人数大幅上升，但由于对国家公园生态环境造成一定的影响，这些经验并没有在其他国家公园进行推广。

（3）成熟阶段

21世纪以来，巴西国家公园不论管理水平还是保护质量都有了更明显的提升。2007年，联邦政府成立奇科门德斯生物多样性保护研究所，从环境与可再生自然资源管理局管辖范围内接手国家公园的管理，并引入环境补偿制度，支持国家公园的建设与投资，更多国家公园的管理计划明确，土地权属问题得到有效解决，特许经营制度也朝着更加规范的方向发展，不破坏国家公园的核心保护区域，只在国家公园周边或外部区域进行游憩服务。2010年，巴西国家公园增加到64个，占地面积240 000平方千米。2016年，巴西共建立72个国家公园，对区域内原始亚马逊雨林生态区、大西洋森林生态区、卡丁加群落生态区、热带草原生态区进行保护。

2. 巴西国家公园现状

巴西的自然保护区分为完全保护区和可持续利用保护区两大类，实行分类管理。国家公园属于完全保护区，其他还包括生态站、生物保护区、自然纪念性建筑和野生动物保护区。可持续利用保护区包括环境保护区、重要生态意义区、国家森林、采掘利用保护区。野生动物保护区、合理开发保护区和自然遗产个人保护区。巴西的保护区分为联邦级、州级和市级，是按照土地的管理权而不是按照保护区的重要程度确定的。联邦土地上建立的保护区为联邦级，州土地上建立的保护区为州级，市土地上建立的保护区为市级，不同级别的保护区只是管辖不同，但保护区级别是同等重要的。

巴西国家公园的管理模式为中央集权型管理，自上而下实行垂直领导并辅以其他部门合作和民间机构的协助。巴西环境部作为保护区的中央管理机构，统一负责全国自然保护区体系的组织和协调，并制定相关的环境政策,下属机构主要负责环境政策的实施,如国家环境委员会,亚马逊国家委员会,国家水资源委员会,环境与可再生资源管理局,公共森林管理委员会,奇科门德斯生物多样性保护研究所等。其中,奇科门德斯生物多样性保护研究所主要负责巴西国家公园的建设发展与管理工作。

但巴西国家公园现在也存在一些问题,比如政府部门与当地居民在国家公园管理方面的利益冲突,很多当地居民不希望建立国家公园,因为会使他们的生计受到威胁;国家公园之间发展不均衡,很多国家公园缺乏基础设施和通达便利性,一些国家公园至今没有对公众正式开放,也没有收入对国家公园进行保护与可持续发展。很多国家公园的土地权属问题也没有得到很好的解决,但环境补偿制度的实施可以有效解决这一难题。

3. 巴西国家公园准入门槛

新的国家公园设立,要由大学等机构进行考察,提出建设国家公园的必要性,提交给政府机构部门,相关政府机构部门只派一名工作人员,作为国家公园的负责人,与当地政府、社区以及国际组织共同制定国家公园的总体规划。国家公园的资金来源主要来自门票收入,国际组织的资助和企业捐赠。

巴西拥有丰富的野生动植物资源,这些资源都十分具有特色,国家公园也是针对这些野生动植物保护设立的。国家公园在建立时,需要进行专业咨询,确定国家公园的地点、保护区范围和适宜边界。国家公园的管理机构要统一不能分散,有专门的部门统一负责国家公园的自然资源保护政策制定,国家公园管理与监督,国家公园科研教育等问题。同时,还需要注重对国家公园区域内的个人和社区利益的保护,保证靠利用国家公园保护区内现存的自然资源而生存的传统群体,可以有替代品补偿,或者直接用现金或物品进行赔偿。

第二节 欧洲国家公园

一、英国国家公园

英国是位于西欧的一个岛国,是由大不列颠岛上英格兰、苏格兰、威尔士以及爱尔兰岛东北部的北爱尔兰共同组成的一个联邦制岛国。英国被北海、英吉利海峡、凯尔特海、爱尔兰海和大西洋包围。东临北海,面对比利时、荷兰、德国、丹麦和挪威等国;西邻爱尔兰,横隔大西洋与美国、加拿大遥遥相对;北过大西洋可达冰岛;南穿英吉利海峡行33千米即为法国。国土面积 24.41 万平方千米(包括内陆水域)。其中英格兰地区 13.04 万平方千米,苏格兰 7.88 万平方千米,威尔士 2.08 万平方千米,北爱尔兰 1.41 万平方千米。英国西北部多低山高原,东南部为平原。泰晤士河是国内最大的河流。塞文河是英国最长的河流,河长 338 千米,发源于威尔士中部河道呈半圆形,流经英格兰中西部,注入布里斯托海峡。英国属温带海洋性气候。英国受盛行西风控制,全年温和湿润,四季寒暑变化不大。植被是温带落叶阔叶林带。英国终年受西风和海洋的影响,全年气候温和湿润,适合植物生长。英国虽然气候温和,但天气多变。一日之内,时晴时雨。

英国作为工业革命的发源地和世界上最发达的资本主义国家,其自然保护事业开始较早,在 20 世纪初期就建立了较为完善的自然保护体系。国家公园作为自然保护地体系中一类重要的保护地,在英国也获得了长足的发展。英国国家公园即涵盖了广阔的美丽景区、多样的野生动植物和独特的地理环境,也是超过 45 万人的家园,每年可以吸引数百万游客。英国国家公园管理制度也较为健全,大部分公园土地为私有,土地所有者为当地农户、国家信托机构以及区域内的居民,国家公园大多属于国家公园管理部门与土地所有者共同合作保护。

1. 发展历程

英国国家公园的发展历程可分为萌芽阶段、初步建立阶段、快速发展阶段、巩固提升阶段。

(1) 萌芽阶段

1810—1928 年是英国国家公园的萌芽时期,这一阶段虽然国家公园还没有开始设立,但是一些关于国家公园的思想已经开始传播。1810 年,英国著名诗人在《湖泊指南》里提出要有一个区域,是属于国家所有,每个人都有权利和兴趣去感受,也能带来心情的愉悦。这种对自然风景的热爱与深刻认识,为英国国家公园的兴起奠定了思想基础。1926 年,英国成立了国家公园联合事务会,这是国家公园委员会的前身。

(2) 初步建立阶段

1929 年至 1949 年是英国国家公园初步建立期。在社会各界的推动下,1929 年英国政府研究论证了设立国家公园的可行性。1945 年,英国国家公园常务委员会提出了有关国家公园的报告,即《道尔报告》。1947 年,通过《乡村道路和国家公园法》,这部法律为国家公园提供了法律依据,标志着英国国家公园制度的建立。

(3) 快速发展阶段

1950—1957 年是英国国家公园快速发展的阶段。这一时期,英国设立了第一批国家公园,包括达特穆尔国家公园、湖区国家公园、峰区国家公园等,均位于英格兰。之后,苏格兰和威尔士也相继建立了国家公园。这一时期,共建设了10个国家公园,与国家公园相关的法律法规也陆续出台。

(4)巩固提升阶段

1958年至今,是英国国家公园巩固提升阶段。这一阶段,英国不再以量的提升为主要特征进行国家公园建设,而是以完善国家公园法律制度、提升管理效能、加强社区参与为主要出发点,着力提升国家公园的品质。

2. 英国国家公园现状

目前,英国共有15个国家公园,国家公园总面积占国土面积的12.7%,涵盖了山地、草甸、沼泽地、森林和湿地区域,其中英格兰拥有10个国家公园,威尔士有3个国家公园,苏格兰有2个国家公园。

在管理机构上,英国国家公园由不同的部门负责,英国政府通过立法确定国家公园的建设目的和未来的发展蓝图,对地方国家公园管理局进行宏观指导。国家环境、食品和乡村事务部负责联合王国内所有的国家公园,英国自然署、苏格兰自然遗产部、威尔士乡村委员会分别负责其国土范围内的国家公园事务。每个国家公园具体的管理由各自所属的国家公园管理局进行管理。管理局由中央政府拨款,负责公园管理的具体事务。管理局通常由董事会、咨询论坛两个主要机构构成,董事会是国家公园管理局的核心机构,由当地政府任命成员,国家或教区任命秘书长,负责国家公园的规划、协调土地所有者关系、管理国家公园的公众开发区域等日常国家公园运营事项。此外,还有一些非政府机构与国家公园管理相关,如国家公园管理局协会、国家公园运动等。还有一些野生生物信托、森林信托、英国遗产署等于保护相关的非营利组织也为国家公园内相应资源的保护提供支持与建议。

在多机构协同工作的过程中,国家公园管理局主要提供交流平台和中间联系协作的作用,不仅针对相关机构,还要保证国家公园区域内的居民等个体土地所有者的参与。在国家公园与地方政府权责划分方面,国家公园管理局仅负责国家公园的日常管理,而地方政府负责对国家公园内的治安维护、道路建设、建设项目的授权许可、垃圾的收集和处理等。国家公园管理局对国家公园内发生的违法事件没有处罚的权力,需要由当地警方进行处理。

英国国家公园管理中十分注重社区参与,国家公园的建立都必须经过公众的听证,考虑公众的生计和社区的利益是国家公园管理制度中重要内容,一定要兼顾当地居民和国家公园保护的利益。英国国家公园的管理引导当地居民积极参与进来,采取多种措施让当地社区介入公园巡护、户外监测、户外宣传等,有效提高当地居民和社会的理解与支持。

3. 英国国家公园准入门槛

英国国家公园与其他地区的国家公园相比,有着明显的自身特点,一般国家和地区的国家公园都遵循着 IUCN 提出的国家公园设立的两个基本条件：一是国家公园应是纯自然的，具有壮观的景观或者具有特殊的科学价值，不得有人工的开发与改造；二是国家公园应属国家所有，至少由国家统一管理，在严格保护下可以开展公众娱乐。英国国土面积小，人口密度大，土地私有化高，且拥有悠久的人类聚居历史，其国土范围内几乎没有完全的荒野地区，大部分景观都有着难以磨灭的人类印记，国家公园的生态、环境、资源的保护与当地居民生产生活之间存在冲突，意味着英国不可能通过封闭对国家公园进行保护与管理。

因此，英国国家公园在遴选时，注重其保护和游憩的双重价值，正视英国国家公园区域内具有生产性和私有性的现状，着重考虑社会经济、历史文化等方面的因素，英国把国家公园作为推动社区可持续发展的示范区，在不破坏景观资源的前提下，优化国家公园区域内的产业类型，如改进耕作模式、丰富农产品类型，开展有机农业等，推动国家公园区域内经济与生态环境保护共同发展。

二、德国国家公园

德国的地形变化多端，有连绵起伏的山峦，高原台地，丘陵，有秀丽动人的湖畔，及辽阔宽广的平原。整个德国的地形可以分为五个具有不同特征的区域：北德低地、中等山脉隆起地带、西南部中等山脉梯形地带、南部阿尔卑斯前沿地带和巴伐利亚阿尔卑斯山区。德国北部低地的特征是丘陵起伏的沿海岸高燥地和黏土台地与草原，泥沼以及中等山脉隆起地带前方向南伸展的黄土地之间有星罗棋布的湖泊。中等山脉隆起地带则将德国分成南北两片。西南部中等山脉梯形地带包括上莱茵低地及其边缘山脉。南部阿尔卑斯山前沿地带包括施瓦木巴伐利亚高原以及在南部的丘陵和湖泊，碎石平原，下巴伐利亚丘陵地区和多瑙洼地。巴伐利亚阿尔卑斯山区则包括阿尔高伊的阿尔卑斯山、巴伐利亚的阿尔卑斯山和贝希特斯加登的阿尔卑斯山，在这些山区散落着风景如画的湖泊。德国的主要河流有莱茵河（流经境内 865 千米）、易北河、威悉河、奥得河、多瑙河。较大的湖泊有博登湖、基姆湖、阿莫尔湖、里次湖。

德国的国家公园体系是在既有的保护地体系上发展起来的，国家公园的任务是保护自然动态演化过程，使国家公园核心区（占公园面积的 75%）免受人为影响，国家公园保护着德国的自然遗产，是最重要的环境教育学校，国家公园具有保护环境和提供自然体验的双重使命。

1. 发展历程

德国国家公园的发展历程可分为萌芽阶段、起步阶段、成熟阶段。

(1) 萌芽阶段

19世纪开始,德国开始将小片原始森林和原生沼泽划建为保护地,当时的保护地通常由个人或早期的非政府组织发起的,后来才成为州政府的行为。早期的保护地由土地所有者负责管理。20世纪上半叶,德国的自然保护以文化景观保护为主,如传统牧业景观及珍稀的自然纪念地等。德国于1934年颁布了第一部《国家自然保护法》。这一时期,德国虽然还没有开始设立国家公园,但对国家公园的讨论在官方与民间已经越来越多。

(2) 起步阶段

1970年,德国在与捷克共和国接壤的巴伐利亚州建立了第一个国家公园——巴伐利亚森林国家公园。该公园建在州有土地上,由林业部门管理。随后几年,德国又建立了一些国家公园,包括贝希特斯加登国家公园、瓦登海国家公园、4个山毛榉森林国家公园、1个湖畔国家公园和波罗的海海岸国家公园。

(3) 成熟阶段

2005年,德国启动了德国国家公园质量指标和标准的研发项目,提出了对国家公园引入质量管理体系的基本要求,该指标涵盖国家公园建设与管理的10个领域,包括基本框架(法律、规划原则、产权等)、管理机构、国家公园管理、监测与研究等。2009年,德国修订了《联邦自然保护法》,该法是各州自然保护法律的指导框架,列出了保护地的类别、保护目的、保护地内的禁限事项,以及新建保护地的规定,并规定国家公园的主要任务是尽量保护自然过程免受人为影响。截至2016年,德国共有16个国家公园,与生物圈保护区和自然公园共同构成德国自然保护地体系,三者总面积达到德国国土面积的三分之一。

2. 德国国家公园现状

在德国,国家公园代表着最严格的自然保护,代表了各种各样的生物区系。米利茨千湖、贝希特斯加登高峰、雅斯蒙德悬崖、哈尔茨山野、下奥德河谷的洪泛平原都在国家公园内。德国认为,国家公园是自然界的珍宝,是国家自然遗产的组成部分。国家公园是以法律约束力划定,以一致的方式加以保护的区域,国家公园的面积较大,基本上不破碎化,有特色,区域内大部分地段未遭到人为干扰或只受到有限的影响,能够确保自然演替过程不受干扰,在一定时间内达到近自然的状态。德国国家公园与生物圈保护区、自然公园共同打造国家自然景观,宣传等国大型保护地的形象,提高公众对国家自然景观的认知度,为德国生物多样性保护做出贡献。

国家公园由各州实施管理,由州财政提供管理资金,不承担经济发展任务,国家公园管理机构对国家公园有完整的管辖权,在国家公园范围内有完

第三章 世界国家公园发展现状

全的决策权。国家公园与地方协会、志愿者、合作伙伴开展合作。作为非政府组织，欧洲公园联盟德国分部牵头制定德国国家公园质量标准，统一了国家公园的管理标准。

在德国，国家公园是重要的环境教育场所。作为政府努力的目标，德国政府希望每名在校的中小学生都能参加国家公园体验周活动，住在国家公园的青年旅社、简易宾馆或野外营地中，零距离感受国家公园。此外，德国国家公园还携手从事自然保护的非政府组织和地方协会，开设了众多面向教师和家庭的项目，以及展览和讨论会等各种活动。

各国家公园管理机构都有自己的咨询委员会，支持其管理工作，咨询委员会成员多由地方政治人士、科学家、非政府组织代表、艺术家，以及狩猎者协会、渔业协会、徒步旅行者协会等利益相关者组成。有些国家公园还成立了代表当地居民利益的理事会，理事会成员主要是由当地政府员工、居民组成，一般不介入国家公园的日常管理，但参与国家公园发展的相关决策，如国家公园的计划编制、功能分区、旅游项目开发等。

3. 德国国家公园准入门槛

德国国家公园是该国自然遗产的重要组成部分，要入选成为国家公园的区域应该具备以下特点：①面积大，特征显著，大部分地区呈完整状态；②大部分地区能发挥自然保护地的作用；③大部分地区未遭到或只是受到非常有限的人为干扰，或正在或已经恢复到未受干扰的自然状态。在保护许可的状态下，国家公园区域可被用于科学环境观察、自然史教育、公众自然体验等，尽可能禁止农业、林业、水资源利用、狩猎、捕鱼等自然资源开发利用活动；若不能禁止，则必须严格遵守自然保护部门的管理规定，限制游客随意进出国家公园的核心敏感区域。

德国国家公园体系应涵盖从德国阿尔卑斯山到北海和波罗的海各种典型代表性的景观和生态系统，园区内不能建有道路、铁路、电站和输电线路等永久基础设施、村庄或永久性居民建筑，以免国家公园景观碎片化。国家公园的土地权属应该是州属的非私有土地，整个区域人为影响程度较低。但是也要看到，由于德国人口稠密，找出人为干扰少，空间未破碎化，适合建设国家公园的大面积区域十分不容易。而且国家公园区域内的利益相关者关系也需要处理恰当，如拟建国家公园区域内的产业发展、居民生产生活问题，都需要充分考虑，缓和利益冲突。

三、俄罗斯国家公园

俄罗斯位于亚欧大陆北部，地跨欧亚两洲，位于欧洲东部和亚洲大陆的北部，其欧洲领土的大部分是东欧平原。北邻北冰洋，东濒太平洋，西接大西洋,西北临波罗的海、芬兰湾,以平原和高原为主的地形。地势南高北低,西低东高。西部几乎属于东欧平原,向东为乌拉尔山脉、西西伯利亚平原、中西伯利亚高原、北西伯利亚低地和东西伯利亚山地、太平洋沿岸山地等。西南耸立着大高加索山脉,最高峰厄尔布鲁士山海拔5 642米。大部分地区处于北温带,气候多样,以温带大陆性气候为主,但北极圈以北属于寒带气候。西伯利亚地区纬度较高,冬季严寒而漫长,但夏季日照时间长,气温和湿度适宜,利于针叶林生长。从西到东大陆性气候逐渐加强;北冰洋沿岸属苔原气候(寒带气候)或称(极地气候),太平洋沿岸属温带季风气候。从北到南依次为极地荒漠、苔原、森林苔原、森林、森林草原、草原带和半荒漠带。森林覆盖面积867万平方千米,占国土面积50.7%,居世界第一位。

俄罗斯丰富多样的自然和社会经济状况造就了其独特的国家公园体系。俄罗斯国家公园体系就有两大特点:①制定了适用于整个保护地体系的专门立法;②传承和发扬了俄罗斯自古以来积累的自然和文化遗产地管理经验。在借鉴美国模式将国家公园建为露天博物馆的基础上,俄罗斯将保护自然和文化遗产且保护自然优先作为国家公园的管理目标,形成了俄罗斯自己的特色。在俄罗斯,以国家公园为代表的保护地属于国家遗产,保护地旨在保护独特和典型的自然复合体和自然特征、生物多样性及自然和文化遗产。保护地同时也是研究生物圈自然演化、监测其状态变化,以及开展环境教育的场所。保护地全部或部分禁止开发利用,保护地分为特别保护区和缓冲区两部分,其中,缓冲区内的陆地和水域可开展法定许可的一些经济活动。

1. 发展历程

俄罗斯国家公园的发展历程可分为萌芽阶段、起步阶段、发展阶段、成熟阶段。

(1)萌芽阶段

早在19世纪80年代,沙皇俄国就在草原区建立了第一个自然禁区,建设研究站研究退化草原对干旱的影响,但当时生态保护还没有引起人们广泛关注,从政府到民间都没有采取切实有效的自然资源保护政策和措施。苏联时期,1921年通过自然保护区法案,以保护自然遗迹、花园和公园,使得自然保护区有了坚实的法律基础。1933年,苏联已经有了15个国家自然保护区。到了20世纪60年代后期,国家公园的理念由国外传入苏联,在学术界引起广泛的讨论,围绕着国家公园的目标和任务,国家公园与其他特殊自然保护区域的关系展开。1971年,苏联在爱沙尼亚北部建立了第一个国家公园——拉赫玛国家公园,这个国家公园的建立对未来俄罗斯国家公园的发展起到了重要影响和指导作用。

(2) 起步阶段

1983年,俄罗斯建立了索契和驼鹿岛两个国家公园,开启了该国国家公园体系建设的序幕,在随后的七年时间里,俄罗斯共建立了11个国家公园。这一时期的俄罗斯国家公园主要按照传统的或者北美的模式建立在最原始和风景优美的自然区域,如高加索国家公园,伏尔加河中部国家公园,乌拉尔南部国家公园,瓦尔代高地国家公园等。这些国家公园旨在保护自然和文化遗产、管理旅游和探索国家公园所在地区的可持续发展之路。

(3) 发展阶段

进入到20世纪90年代,特别是1991—1994年,俄罗斯国家公园迎来快速发展时期,苏联解体成为俄罗斯国家公园发展的分水岭,这一时期是俄罗斯国家公园的数量增加最快的时期,在4年时间里俄罗斯国家公园的数量由1990年底的11个增加到1994年的28个。这一发展不仅体现在国家公园发展的数量增长上,而且体现在国家公园的理论研究水平上。与起步阶段不同的是,这一阶段建立的国家公园不仅重视具有独特价值的自然资源景观,还增加了文化景观区域。

(4) 成熟阶段

1995年至今,俄罗斯国家公园体制逐渐走向成熟完善,新增的国家公园均按照《1994—2005年俄罗斯自然保护区和国家公园规划名录》进行建设与发展,此外,在国家公园管理上还通过了全国性的国家公园管理法律,联邦政府还制定了国家公园财政支持计划。目前,俄罗斯共建有50余个国家公园,总面积为20余万平方千米,俄罗斯地域辽阔,还有很多地方适宜继续建设国家公园,因此俄罗斯提出下一阶段国家公园发展规划,既要保证新建国家公园的质量,又要形成俄罗斯自身合理、科学的自然保护地体系。

2. 俄罗斯国家公园现状

在俄罗斯,国家公园归联邦所有。国家公园具有特殊的环境、历史和美学价值,有保护自然、提高环境意识和服务科学、文化及可持续旅游开发等众多作用。俄罗斯现有的保护地体系分为六大类,包括国家级自然保护区、国家公园、自然公园、国家级自然庇护所、自然纪念地、林木园和植物园。国家级自然保护区是具有国家重要性的陆地和水域,保护这类保护地旨在使区内的自然环境完全处于"自然状态",区内完全禁止任何经济活动和其他类型活动,法律另有规定的除外。国家公园是具有国家重要性的陆地和水域,实施区划管理,确定哪些区域可以依法开展游憩活动,哪些区域只能实施严格的自然和文化遗产保护。自然公园依据区域内生态、文化、游憩等目的实施分区管理,各分区应禁止和限制相关经济活动的开展。国家级自然庇护所是国家或地区重要的陆地和水域,此类保护地对保护和恢复自然复合体或维持生态平衡很重要。自然纪念地分布着独特的生态、科学、文化、美学价值的自然复合体、自然特征或人造物。林木园和植物园用于特殊植物的保育,以保护植物及其多样型。这些保护地有些是联邦直接管辖的,如国家级自然保护区,国家公园;有些是地区管辖的,如自然公园;还有一些是联邦政府与地区共同管辖的,如国家级自然庇护所,自然纪念地,林木园和植物园。

在管理目标上,俄罗斯国家公园要保护自然界的复杂性及相关的文化遗产,对公众进行环境教育,为公众提供一定的徒步旅行、野营和滑雪等娱乐活动。在管理机构上,俄罗斯的国家公园由联邦政府建立,公园的行政权属于联邦林业局,但由于部门职能的限制,国家公园管理处的管理者虽然具备较为丰富的林业经验,但对国家公园的管理还缺乏必要的认识,这种情况的后果是国家公园管理部门较为缺乏有效的国家公园管理经验,更多地注重森林和木材而减少了对国家公园自然保护的关注。在土地权属上,俄罗斯国家公园在建设时主要以国有土地资源为基础,但也有部分私有土地被划入国家公园,这部分土地控制权并不能移交给国家公园,土地所有者依然对这些土地有管理权,他们应该遵守国家公园的法规,但并没有强制性的机制。在资金分配上,国家公园管理机构对地方管理机构缺乏必要的控制,很多地方管理机构有权决定分配给国家公园预算额的大小,由于地方管理机构往往优先考虑自身的需求,往往会减少分配给国家公园的资金,这样不利于国家公园相关保护、研究、基础设施维护、管理等方面的正常工作开展。

3. 俄罗斯国家公园准入门槛

俄罗斯国家公园不但是保护自然和文化遗产的区域,同时也为游客提供旅游服务,为民众体验自然、历史和文化景观提供场所。国家公园不是完全封闭的,与国家级自然保护区的不适宜开发进入有着明显不同。因此,成为国家公园首先应该是国家重要性的保护地;公园土地权属较为清晰,基本属于联邦所有土地,但也允许少部分土地为私有地;国家公园应该有多重作用,不但保护区域内拥有独特的自然环境资源与生态,还要在教育、科研、文化、法定许可的旅游方面引导大众了解自然和认识自然,起到可持续发展保护目的;国家公园的经费由联邦政府提供,经费应该主要用于国家公园的基础设施建设、国家公园的管理、国家公园资源、生态与环境的保护、国家公园科研教育等方面;社会组织和个人应该广泛参与国家公园的规划与建设管理中去,政府部门应该听取个体、团体和非营利性组织对国家公园相关方面的管理建议;国家公园应该拥有一支高素质的管理人员和员工队伍,定期接受系统培训,参加国家公园举办的职业与道德交流会,打造高效员工队伍。

第三章 世界国家公园发展现状

第三节 亚洲国家公园

一、日本国家公园

日本是位于东亚的岛屿国家,领土由北海道、本州、四国、九州四个大岛及6 800多个小岛组成。日本中部属温带海洋性季风气候,终年温和湿润。6月多梅雨,夏秋季多台风。日本南北气温差异十分显著,位于南部的冲绳则属于亚热带,而北部的北海道却属于亚寒带。日本是一个多山的岛国,山地成脊状分布于日本的中央,将日本的国土分割为太平洋一侧和日本海一侧,山地和丘陵占总面积的71%,大多数山为火山。国土森林覆盖率高达67%。富士山是日本的最高峰,海拔3 776米。日本的平原主要分布在河流的下游近海一带,多为冲积平原,规模较小,较大的平原有石狩平原、越后平原、浓尾平原、十胜平原等,其中面积最大的平原为关东平原。

日本国家公园是发展和人类活动被严格限制以保存最典型、最优美的自然风景的地区,并提供必要的信息和设施让游客可以享受自然和亲近自然。日本国家公园体系是较为独特的国家公园体系,广义的国家公园包括国立公园和国定公园。国立公园对外被译成"国家公园",由中央政府直接管理,构成了普通意义上的国家公园系统。国定公园对外通常被译成"准国家公园",它是由中央政府认定,交由都道府县地方政府管理的自然公园系统,是国立公园系统的有利补充。

1. 发展历程

日本国家公园的发展历程可分为萌芽阶段、起步阶段、成熟阶段。

(1)萌芽阶段

日本自然资源丰富,森林面积占其陆地面积的2/3,生物多样性较丰富。明治维新以后,由于工业快速发展,自然环境遭到较为严重的破坏,促使人们开始自然保护运动,从而推动国家公园的建立。1913年,颁布《北海道原生天然保护林制度》,1915年颁布《国有保护林制度》,通过立法来保护北海道的原始森林资源。

(2)起步阶段

1921年,日本内务省开始国立公园候选地调查。1930年,确定了14处候选国家公园。日本政府于1931年出台了《国立公园法》,规定了国立公园的设置条件。1934年,日本政府首次指定濑户内海、云仙、雾岛为日本第一批国立公园。

(3) 成熟阶段

1957年,日本政府在《国立公园法》的基础上颁布了《自然公园法》,将国立公园、国定公园、都道府县立公园统称为"自然公园",建立3级保护体系,正式确立了自然公园体系。同时,法律中的第二章第五条明确规定了国家公园的建立,由国家环境厅主管,自然保护委员会协管。20世纪90年代,日本国立公园主要作为公共事业纳入国家预算体系,有稳定的财政基础,国立公园内的道路、公共厕所、植被恢复等公共事业的设施一般由国家投资建设。

2. 日本国家公园现状

目前,日本建立了各类型自然公园共计401处,总面积5.567万平方千米,占国土面积的14.74%。其中国立公园34处,面积2.19万平方千米,约占日本国土面积的5.80%;国定公园56处,面积1.41万平方千米,约占日本国土面积的3.73%;都道户县立公园311处,面积1.967万平方千米,约占日本国土面积的5.21%。

日本的国立公园不仅含有国有土地,还有地方政府所有土地、私有土地,也有不少被用于农林业等的土地。日本国立公园内现有原住民约65万人,密度为30人/平方千米。为了解决公园内居民人口较多而带来的产权、财权、产业、管理各类复杂的利益关系,以确保管理权上的统一,日本政府颁发了《地域制自然公园制度》,从资源保存与永续利用角度对自然公园进行从严格保护到合理利用的"阶梯式"用地管理分区,其中最主要的实施方式是与居民签订《风景地保护协定》。也就是说,对于土地所有者而言,原住民们可以通过签订协定,获得税收方面的优惠,减少土地管理的经费,从而减轻了自己管理土地的负担。

日本每个国立公园都设有公园规划,并根据公园规划来决定国家公园内管理(地理分类)的强度和设施的安排。根据国立公园风景的品质,形成管理分区。陆地部分分为特别地域和普通地域两大类,海域部分分为海洋公园地区和普通区域两类,而陆地部分中,普通地域又分成第一类、第二类、第三类和普通区域四类。目前,日本国立公园中有13.1%的区域为特别保护区,12.8%的区域为第一类特别区,23.6%的区域为第二类特别区,23.5%的区域为第三类特别区,27.0%的区域为普通区域。在分区管理上,没有明确划分出严禁公众进入的区域,更多的管理是各分区的利用程度不同。

随着国立公园基础设施的逐步完善,日本国立公园近年来开始实施"执行者负担"的资金计划,即国立公园实施自然环境的区域保护和管理所需的必要费用,实行执行者负担、受益者负担、原因者负担的原则,而国家在预算内对执行区域保全事业的都道府县给予执行该保全事业所需费用的一部分的补助,减轻了国家的负担。近期,日本也正在研究向国民征收环境税,更好地保护国立公园环境并实现良性发展。

日本一直走在全世界国立公园的前列,因为日本建立国家公园的初衷就是保护为国民提供欣赏风景和游憩的场所。日本《自然公园法》的第一条就规定:"在保护优美的自然风景的同时,也要追求其利用价值的提高,并实现为国民提供保健、休养、教化等目的"。为使日本国立公园内的资源得到充分的利用,国家允许公共团体和个人按照国立公园的使用规划提供服务设施,但前提是这些服务设施的设计和布置不能破坏国立公园内的任何自然景观。目前,日本国立公园内,每年总计约有3亿人次进行登山、郊游、自然观察等活动。日本国立公园一般不收取门票,游客中心、展望台等也不收费,但是公园内部的停车、特定景点的进入、专门的导游服务、餐饮、住宿等均需要收费,而且可以带动国立公园周边的住宿、餐饮、购物等旅游消费,因此旅游收入较为可观。

国立公园内的原住民可以保持之前的生产生活方式不变。如,伊势志摩国立公园内普通地域内有捕鱼、养殖珍珠活动;阿寒摩周国立公园的阿寒湖和屈斜路湖(均属于第一种特别地域)内有养鱼、捕鱼利用活动;钏路湿原国立公园内有养殖奶牛活动。但是,国立公园内原住民的生产利用活动规模要维持在指定前的规模不变,不得擅自扩大规模或者新建生产生活设施。如,政府对伊势志摩国立公园和阿寒摩周国立公园内的捕鱼量没有限制,但如果当地居民需要修筑捕鱼设施,则需要提出申请,按国立公园事业审批规定进行审批。

3. 日本国家公园准入门槛

在景观方面,必须是可代表国家且具有世界水平的独特自然风景区,国家公园的地域是较大的,原则上在300平方千米以上,海岸为主的国家公园,面积原则上约100平方千米以上。同时,公园原则上需要具有20平方千米以上的原始核心区域,或1个以上没有遭到人为开发或破坏的区域,或动植物种类以及地质地貌在科学上,教育上极具价值,或独具特色的自然景观区。以海岸为主的国家公园,其核心区的海岸线至少有20千米长。

在土地方面,国家公园保护区大部分土地应为国有土地或者公有土地,如果是私有土地需要与土地所有者进行协商。

在产业方面,国家公园区域尽量减少对自然资源和环境产生破坏的水电、矿业、农业、林业、畜牧、水产等产业。

在利用方面,国家公园应具有交通便利性,可以为多数人提供游憩、教育、科普等服务,并在国家公园核心区和外围利用区之间设立缓冲区域,尽量不影响国家公园核心区的生态环境。

二、韩国国家公园

韩国位于亚洲大陆东北部朝鲜半岛南半部。东、南、西三面环海。山地占朝鲜半岛面积的2/3左右,地形具多样性,低山、丘陵和平原交错分布。低山和丘陵主要分布在中部和东部,海拔多在500米以下。太白山脉纵贯东海岸,构成半岛南部地形的脊梁;其向黄海侧伸出的几条平行山脉组成低山丘陵地带,有太白山脉、庆尚山脉、小白山脉等,其中雪岳山、五台山等山峰以风景优美著称。东北至西南走向的小白山脉最高峰为智异山,海拔1 915米。汉拿山位于济州岛的中心,海拔1 950米,是韩国的第一高峰。平原主要分布于南部和西部,海拔多在200米以下。黄海沿岸有汉江平原、湖南平原等平原,南海沿岸有金海平原、全南平原及其他小平原。韩国四季分明,春、秋两季较短;夏季炎热、潮湿;冬季寒冷、干燥,时而下雪。北部属温带季风气候,南部属亚热带气候,海洋性特征显著。冬季漫长寒冷,夏季炎热潮湿,春秋两季相当短。韩国最长的河流分别是洛东江和汉江,是半岛南部地区两条主要河流。洛东江长525千米,流入东海;汉江长514千米,流入黄海,是中部地区的重要水系。韩国湖泊较少,最大的天然湖是位于济州岛汉拿山顶火山口的白鹿潭,海拔1 850米,湖面直径约300米,周长1 000米,深约6米。

在韩国,国家公园被称为国立公园,是代表韩国的自然生态系统、自然以及文化景观的地区;是为了保护和保存以及实现可持续发展,由韩国政府特别指定并加以管理的地区。自1967年设立首个国立公园——智异山国立公园以来,至今已指定的国立公园有22座,占韩国陆地国土面积的6.7%。韩国国立公园管理公团设立于1987年,是韩国管理国立公园的专业机构,秉持"保存自然、满足游客的世界一流公园管理专业机构"的愿景,负责管理除汉拿山国立公园以外的其他21座公园。

1. 发展历程

韩国国家公园的发展历程可分为起步阶段、发展阶段、成熟阶段。

(1)起步阶段

1967年颁布《自然公园法》,确立了自然公园的概念,包括国立公园,道立公园和郡立公园,自然公园相关利用和管理事项,并于当年设立第一个国立公园——智异山国立公园。智异山国立公园是韩国面积最大的山岳型国立公园,栖息有4 989种野生动植物,是名副其实的自然宝库。这里植被丰富多样,从温带林到中温带林、寒带林均有分布。这里栖息有多种珍稀动植物,包括天然纪念物华严寺垂彼岸樱、卧云千年松以及华南兔长白山亚种、狍、河麂、山狸等。

(2)发展阶段

1987年,设立韩国国立公园管理公团,是韩国管理国家公园的专业机构,开始了由中央管理国家公园的阶段。1990年,《自然保护法》修订,将韩国国立公园管理公团移交内政部管理。1991年首次开始施行"自然安息年制度"。1999年,韩国国立公园管理公团移交环境部管理。

(3)成熟阶段

2006年,以第6期"自然安息年制度"的地区为中心,再增加濒绝物种分布地区等需保护地区,按照保护目的对地区进行重新分类和体系化,指定为"国立公园特别保护区"(2007年开始实行)。2007年,韩国取消国立公园门票收费,促使国立公园游客激增,每年访客达到4 600万人次。目前,韩国共有22个国立公园,这些公园在资源方面都得到了良好的保护,相关机构开展系统的自然资源调查及监控,复原珍惜、濒绝物种,防范外来种的入侵以及选择性地加以去除,根据不同类型制定遭破坏地区复原方案,并加以恢复。

2. 韩国国家公园现状

韩国国家公园经过半个世纪的发展,已建立了比较健全的管理体制和法律体系。法律明确规定了韩国国家公园的发展方向,以及各个部门的管理范围与合作方式,使国家公园的设立与管理更具有合理性。国家公园内私有面积过大,韩国国立公园的土地所有权分布非常多样,包括政府土地、公有土地与私有土地,甚至一些土地归寺庙所有,私有土地大约占韩国国立公园总面积的40%,这可能会导致由私人的经济行为造成对环境的破坏。

早期韩国国立公园实行门票收费,收入主要用于公园的管理与保护投入。2007年取消门票收费,国立公园区域内的停车场、露营地、寺庙也收取较低的费用,极大地提高了国立公园的知名度,越来越多的游客愿意到国立公园旅游。法律明确规定了国立公园内的各种行为规范,但国立公园工作人员没有执法权,对于游客的违法行为,只能进行口头劝阻、监督,没有效果时才会选择报警,由警察进行处理。游客的激增和少部分游客的越界行为也造成公园环境保护的压力较大。韩国国立公园也采取相应的措施加大对国立公园的保护力度,如实行"自然安息年"制度,把过度利用而受到严重破坏的自然区域空置一段时间,使其逐步恢复原貌;公园参观实行预约制,控制游客人数;将旅游、服务设施建在国立公园周边,从空间上分离出公园,减少对国立公园的环境破坏。

3. 韩国国家公园准入门槛

韩国国立公园的准入标准主要包括自然景观、文化景观、地形保护、土地权属和交通位置是否方便5个方面。自然景观必须是具备全国或者世界意义的景观资源;文化景观必须是具有区域特色和民族特色,或者是具有很高的文化或美学价值;地形保护主要是地质地貌方面,保护典型地貌,不被人为破坏;土地权属方面,尽可能是国有土地或者共有土地,如果是私有土地需要跟土地所有者进行协商;交通位置方面必须是交通便利,在国家公园外围可以开展一些旅游、科普教育等活动。

此外,国立公园的规划还要保证在运营期间不能随意变更,对于国立公园关于分区设计、国家公园设施、国家公园范围的调整等规划,需要有环保部与地方政府以及中央政府相关部门共同协商后决定。

第四节 大洋洲国家公园

一、澳大利亚国家公园

澳大利亚位于南太平洋和印度洋之间,由澳大利亚大陆和塔斯马尼亚岛等岛屿和海外领土组成。它东濒太平洋的珊瑚海和塔斯曼海,西、北、南三面临印度洋及其边缘海。是世界上唯一一个独占一个大陆的国家。澳大利亚的地形很有特色。东部山地,中部平原,西部高原。全国最高峰科修斯科山海拔2 228米,在靠海处是狭窄的海滩缓坡,缓斜向西,渐成平原。东北部沿海有大堡礁。澳大利亚约70%的国土属于干旱或半干旱地带,中部大部分地区不适合人类居住。澳大利亚有11个大沙漠,它们约占整个大陆面积的20%。澳大利亚跨两个气候带,北部属于热带,南部属于温带。中西部是荒无人烟的沙漠,干旱少雨,气温高,温差大;在沿海地带,雨量充沛,气候湿润。澳大利亚气候形态多样,地形多变,是全球生物多样性最丰富的国家之一,其生态系统和生物多样性都极为丰富。

澳大利亚国家公园的建立,不仅以法律形式有效地保护了生态环境,而且也推动了澳大利亚旅游业的迅速发展,使之成为增幅最大的支柱产业。现在,生态旅游所提供的就业机会占澳大利亚全国总就业机会的12%,每年创造经济效益近400亿澳元。开展生态旅游已经成为澳大利亚国家公园的主要活动,国家公园管理人员的主要职责之一就是访客管理。澳大利亚国家公园体系在经过长期实践后在提供保护性环境、保护生物多样性、提供国民游憩、繁荣地方经济、促进学术研究和国民科普教育方面做出了巨大的贡献。

1. 发展历程

澳大利亚国家公园的发展历程可分为起步阶段、发展阶段、成熟阶段。

(1) 起步阶段

1836年澳大利亚塔斯马尼亚建设成为自然风景保护区。1866年,在新南威尔士的杰诺伦溶洞周围的20 235平方千米的地方也被建设成为风景保护区。1879年,在美国黄石国家公园建立的6年后,澳大利亚第一个国家公园也建立了,位于悉尼以南,这是第一个由人工建造的国家公园。1891年,南澳大利亚洲颁布了《国家公园法》,这是澳大利亚第一部有关国家公园管理的专项法规。

(2) 发展阶段

20世纪50年代以来,澳大利亚联邦政府频频出台与国家公园发展相关的法律法规。1974年,通过《环境保护法》,1975年通过《国家公园和野生动植物保护法案》和《澳大利亚遗产委员会法案》,1980年通过《鲸类保护法》,1982年通过《濒危物种保护法》,这些法律法规的实施对保护国家公园内的自然环境和自然资源有着积极的意义。

(3) 成熟阶段

到了20世纪80年代,国家公园经过100多年的发展,已经从最初以保护自然空间为目的,发展到反映人类与自然关系的世界保护地文化,国家公园等自然保护地的理念与实践进入一个新的发展时期,包括保护地理论、方法、规划和管理各个方面,已逐步形成一个全新的框架。1999年,颁布《环境保护和生物多样性保护法》。2000年,颁布《环境保护和生物多样性保护条例》,对国家公园自然资源的恢复和发展起到了重要的推动作用。

2. 澳大利亚国家公园现状

目前,澳大利亚全国有500余个国家公园,其中位于澳大利亚北部达尔文市以东171千米的国家公园,面积为1.31万平方千米,是澳大利亚最大的国家公园。此外,澳大利亚还有2 000多个其他类型保护地分布在全国各地,包括动植物保护区、保护公园、环保公园以及土著地区。澳大利亚还有100多个海洋保护区,面积将近38万平方千米,它们既有像大堡礁那样庞大的海洋国家公园,也有鱼类栖息保护区、鱼类禁捕区、水生动植物保护区、海洋公园以及海岸公园等。这些国家公园不仅为人们提供了社会性娱乐和消遣的惬意场所,还具有相当的自然和文化价值。

澳大利亚国家公园采取分级主管的模式,联邦政府和各州政府分别由相关部分进行分级主管,层次分明。澳大利亚联邦政府设有两个主管国家公园的管理机构,大堡礁海域公园管理局和澳大利亚国家公园和野生生物管理局。两个局的级别相同,但大堡礁海域公园管理局只负责大堡礁海域国家公园、保护地管理和野生生物保护管理;澳大利亚国家公园和野生生物管理局负责澳大利亚其他所有国家公园的管理。澳大利亚国家公园日常管理事务由国家公园和野生生物顾问委员会负责,主要制定国家公园日常工作计划,与保护区内社会居民开展联合保护、开发等合作项目,制定生物多样性保护计划与实施措施,动员和支持社会团体和志愿者参与国家公园的建设与保护等。

澳大利亚国家公园的资金主要由联邦政府专项拨款和各地动植物保护组织募捐组成,其中联邦政府是资金来源的主体,每年国家投入大量资金建设国家公园,如跑道、野营地和游客中心等基础服务设施都由国家投资建设。国家公园不营利性创收,主要任务是保护好国家公园内部的野生动植物资源和生态环境,开展科研科普工作,实施联邦政府制定的各项国家公园保护发展规划。此外,澳大利亚还建立了自然遗产保护信托基金制度,用于资助减轻植被损失和修复土地的活动。

澳大利亚国家公园可分为完全保护区域和可供公众参观游览区域,在500多个国家公园中,约有40%的国家公园在不破坏自然环境资源的前提下可适度开展生态旅游活动。在全国推行自然和生态旅游证书制度,并根据不同情况,将所开展的生态旅游分为3种类型,即自然游憩、生态游憩和高级生态游憩。全澳大利亚已经有200多种游憩产品、游憩设施被授予证书。

3. 澳大利亚国家公园准入门槛

在澳大利亚,国家公园是以保护和旅游为主要目的的面积较大的区域,建有较高质量的公路、环境教育中心以及生态厕所、野营地、购物中心等基础服务设施,在保护生态环境和生态系统的同时,为公众提供各种方便,鼓励公众进行生态旅游活动。

澳大利亚国家公园入选标准包括三个方面:

第一,区域内生态系统尚未进行任何开发,暂未遭到根本性的改变,区域内的野生动植物资源、景观资源和生态环境具有特殊的科学研究、环境教育和游憩价值,或区域内含有一片广阔而优美的自然生态景观。

第二,政府权力机构已采取措施阻止或尽可能消除该区域的人为开发与破坏,并使其原生态、自然景观和美学价值得以充分体现和展示。

第三,在保护自然生态系统、野生动植物资源的前提下,允许以环境教育、生态文化体验、休闲游憩等为目的的生态旅游活动。美丽的自然景观、甚至人工景观,皆可在保护的前提下规划建设成为美丽的国家公园,吸引公众前往参观游览,认识自然,了解自然,关心自然,爱护自然,提高保护意识,维护生态环境。

二、新西兰国家公园

新西兰属于大洋洲,位于太平洋西南部,澳大利亚东南方约1 600千米处,介于南极洲和赤道之间,西隔塔斯曼海与澳大利亚相望,北邻新喀里多尼亚、汤加、斐济。新西兰国土面积约为27万平方千米,水域面积占2.1%,国土长1 600千米,东西最宽处宽450千米,海岸线长6 900千米。新西兰由北岛、南岛、斯图尔特岛及其附近一些小岛组成,境内多山,山地和丘陵占总面积75%以上。新西兰平原狭小,河流短而湍急,航运不便,但水利资源丰富。北岛多火山和温泉,南岛多冰河与湖泊。新西兰属温带海洋性气候,季节与北半球相反。四季温差不大,植物生长十分茂盛,森林覆盖率达29%,天然牧场或农场占国土面积的一半。广袤的森林和牧场使新西兰成为名副其实的绿色王国。新西兰水力资源丰富,全国80%的电力为水力发电。森林面积约占全国土地面积的29%,生态环境非常好。

新西兰是世界上最早成立自然保护区的国家之一,且具有相对较为完善的保护区管理体系,新西兰国家公园作为保护区的重要组成部分而存在。新西兰保护区体系类型多样,包括国家公园、海洋公园、森林公园以及以某种动植物为目的而设立的自然保护区。新西兰与其他发达国家不同,没有走先污染后治理的道路,而是把自然资源与人文资源的保护提高到极高的地位,促进本国经济与环境得到可持续发展。

1. 发展历程

新西兰国家公园的发展历程可分为起步阶段、多头管理阶段、统一管理阶段。

(1) 起步阶段

20世纪以前,新西兰的自然环境主要受到毛利人和外部殖民者的影响。毛利人属于土著居民,日常的生产生活造成了森林被砍伐,一些本土动植物减少甚至灭绝。欧洲殖民者的到来,进行农耕、渔业、开矿和森林砍伐导致了环境的进一步恶化。政府和公众逐渐认识到本土森林和鸟类在消失,意识到本土自然资源与生态环境的价值,于是开始着手建立保护地和相关自然保护项目。1887年,新西兰建立了本土第一个、世界第四个国家公园——汤加里罗国家公园,是自然环境与文化价值双重的世界遗产地,可以使生活在新西兰的民众享受美丽的风光,体验原生态文化。

(2) 多头管理阶段

到了20世纪20年代,政府各土地管理部门分别在其管理的土地上建立管理目标不同的保护地。新西兰林务局先建立了森林保护区,然后又建立了森林公园。中央政府的土地与测绘部门负责监管国家公园、环境保护区和其他类别的保护地。内政部野生动植物管理局负责管理各种权属土地内的鱼类、猎物、本土保护物种及不同类型的禁猎区。农渔业部也建立了一些海洋保护区。1950年,这些部门开始建立自己负责的保护地专有管理单位,如国家公园局、林务局环境处、内政部野生动植物管理局,由于每个部门都有自己的发展目标,导致全国的各类保护地不能进行有效统筹管理,打破了一些地区的生态完整性。1952年,新西兰通过《国家公园法》,提出国家公园要做到保护和利用相结合。

(3)统一管理阶段

20世纪60年代起,新西兰开始关注由于多部门管理带来的工作效率不高,导致生态环境质量恶化的问题,新西兰开始改变保护地的管理部门的架构。1987年,新西兰成立了环保部,将其他部门的管理职能寄于一体,负责新西兰整体自然保护的管理。目前,新西兰保护地面积占国家陆地面积的33%,领海和专属经济区的15%,新西兰的保护地被分为50类,有国家公园、国家保护区、自然保护区、科学保护区、海洋保护区等类型,一处保护区只属于一个类别,不会同时有几个名称。

2. 新西兰国家公园现状

新西兰目前国家公园有14个,总面积30 669平方千米,占保护地面积的28%,约占国土面积的11%。新西兰国家公园是基于国家层面的管理,其保护的目的不是为了保护而保护,保护是为了可持续利用。国家公园被赋予保护与休闲娱乐两大功能,采用柔性保护的模式,让公众意识到自然保护与生态环境的重要性。保护不对国家公园进行管理,而是保护新西兰的自然和人文资源。新西兰国家公园制定建设方案由国家公园和保护区指导中心提出,核心成员都是国家公园建设与生态环境保护方面的专家,直接影响政府制定的国家公园发展规划。

新西兰根据本国经济发展的实际,探索出包括政府财政支出、基金项目和国际项目合作等在内的生态资金支持模式。政府财政是国家公园发展资金的主要来源,专用于国家公园的生态保护与管理工作。此外,新西兰政府也充分利用基金项目这一平台,如国家森林遗产基金,来保证公众对国家公园生态保护的支持与关注。

新西兰的特许经营权由国家唯一的保护部授予,体现了新西兰国家公园公共资源的"国家统一管理"模式。特许经营的目的是保护与游憩两大功能协调发展,第一目标是保护自然人文生态环境,第二目标是为游客提供适当的旅游设施、服务。新西兰的特许经营制度实行管理者和经营者角色分离,避免过分注重经济效益,采取分散经营的模式,不同项目分别特许给不同经营者,特许经营的收入主要用于国家公园基础设施的建设。特许经营也是有期限的,短的几个月,长的5年,超过5年的特许经营项目需要遵守国家的审批制度,申请公开通报。

3. 新西兰国家公园准入门槛

新西兰国家公园备选区的面积应该比较大,最好能上万平方千米并且连片完整,区域内应涵盖国家重要性的自然风景、多样的生态系统或自然特征。如果区域内的生态环境可以修复、恢复,具有重要的历史、文化、考古或科学价值,区域内的资源十分独特,与其他国家公园有着明显的区别,具备以上特征的区域应该优先考虑建设国家公园。

在国家公园扩建上应注重边界问题,国家公园内的生态系统应足以抵御周边土地带来的环境压力,周边土地的使用不会对国家公园的自然生态环境产生破坏,边界应包含完整的景观单元,在国家公园生态环境优先的情况下,边界可以开放给公众进行游憩活动,国家公园的边界最好是易于辨识的自然地理特征,这比人工划界更为科学、合理。

第五节　南非国家公园

南非地处非洲高原的最南端,南、东、西三面为印度洋和大西洋所环抱,边缘地区为沿海低地,北面则有重山环抱。北部内陆区属喀拉哈里沙漠,多为灌丛草地或干旱沙漠。南非最高点为东部大陡崖的塔巴纳山,海拔3 482米。东部则是龙山山脉纵贯。南非全境大部分处副热带高压带,属热带草原气候。德拉肯斯堡山脉阻挡印度洋的潮湿气流,因此愈向西愈干燥,大陆性气候越为显著。东部沿海年降水量1 200毫米,夏季潮湿多雨,为亚热带季风气候。南部沿海及德拉肯斯山脉迎风坡能全年获得降水,湿度大,属海洋性气候。西南部厄加勒斯角一带,冬季吹西南风,带来400~600毫米的雨量,占全年降水的4/5,为地中海式气候。

南非的生物多样性在世界排名第三,南非陆地面积占世界的2%,却分布着世界上近10%的植物,7%的爬行动物及2.4万多种植物,南非的海洋生物多样性也很丰富,全球近15%的海洋植物和动物分布在南非,其中12%属于南非特有的种类。因此,生物多样性保护和管理成为南非保护地管理的首要目标之一,南非的国家公园发展也从保护单一物种逐渐转向保护完整的生态环境系统。

1. 发展历程

南非国家公园的发展历程可分为起步阶段、发展阶段、新时代阶段。

(1) 起步阶段

南非最初的自然保护始于南部开普地区,主要控制自然资源的开采方式,并关注狩猎、森林、草原、土壤的保护。1926年,南非第一个国家公园建立——克鲁格国家公园,也是南非最大的野生动物园,分布着众多的大象、狮子、犀牛、羚羊、长颈鹿、野水牛、斑马、鳄鱼、河马、豹、猎豹、牛羚、黑斑羚、鸟类等异兽珍禽。植物方面有非洲独特的、高大的猴面包树。同年,成立了南非国家公园管理局。

(2) 发展阶段

1970年以来,南非陆续制定了多部法律法规,用于规范各类保护地的建设与管理。其中,1970年通过《山区集水区法》,用于建立和保护山脉集水区。1976年,通过《国家公园法》,用于规范国家公园的建设与管理。

(3) 新时代阶段

1994年,南非实现民主化,开启了国家公园管理的新时代。南非政治变革从根本上改变了保护地管理机构和所有者的态度。1997年,对《国家公园法》进行了修订。1998年,颁布《海洋生物资源保护法》和《国家森林法》,用于规划相关保护区的资源保护与利用。2003年,通过《保护地法》,并于2004年和2009年分别进行修订,旨在建立一个统一的保护地管理体系。目前,南非共有528个国有保护区,占陆地面积的6.1%,其中国家公园21处,占南非所有保护地面积的67%。

2. 南非国家公园现状

南非在国家层面主要是环境事务部、农林渔业部、水务部、旅游部进行保护地体系管理。在私人保护地和社区保护地的发展方面,南非政府积极面对现实状况,努力解决历史遗留问题,为保护地的发展和原住民的生存谋求可持续发展道路。国家公园采取购买、协议等方式来获取土地,有效减少了因为土地权属不清晰导致的纠纷。

南非在国家公园管理方面取得较大成效,特别是一些协调保护和发展关系的实践案例经常被其他国家所借鉴。南非国家公园管理局是南非国家公园的法定管理机构,隶属南非环境事务部,主要负责21个国家公园的管理运营和整体监督。

每个国家公园会编制5年或10年的发展规划,目的是确保国家公园的发展与法律法规的规定相适应。国家公园主要是从生物多样性、生态恢复方面对国家公园进行管理。此外,由于南非的野生动物比较多,国家公园的边界都用保护围栏围了起来,这样既可以明确国家公园的边界,又能够防止野生动物闯入周围的区域对农作物或者财产造成破坏。

南非国家公园在保护的前提下,适度发展生态旅游。在国家公园的管理中,按照访客的需求,将国家公园划分为偏远核心区、偏远区、安静区、低强度休闲利用区、高强度休闲利用区,用以平衡生物多样性保护和旅游游客体验活动,降低这些活动之间的冲突,为访客带来较为良好的游憩体验。

南非国家公园的经费25%来自于中央政府的预算,75%来自于经营收入。在南非,著名的国家公园是有盈利的,收入在自给自足的前提下,多余的资金会上缴中央委员会,由南非国家公园管理局统一调配使用。在国家公园盈利资金用完全情况下,政府会根据国家公园需要资金的缺口进行补充。

3. 南非国家公园准入门槛

南非建立的国家公园有效保护了生物多样性,保护具有国家或国际重要性的地域,南非有代表性的自然系统、景观地域或文化遗产地,防止不合理的开发与占有利用,破坏生态的完整性,为公众提供与环境相和谐的科学研究、教育科普、娱乐游憩的机会,在可行的条件下为经济发展做出贡献。

南非国家公园要求的面积比较大,一般不低于10 000平方千米,面积上的差异也是南非国家公园与野生动物保护区、自然保护区之间最显著的区别。建设国家公园的程序包括选址、全面生态系统评估、国家公园规划、引进生物种类、国家公园的相关培训与管理。

世界各国的国家公园建设与发展因为国情的不同存在差异,国家公园的管理体制可以分为中央集权型(如美国、俄罗斯等)、地方自治型(如德国、澳大利亚等)和综合管理型(如加拿大、日本等),每一种体制都有其优缺点,中国国家公园可根据自身的实际情况进行学习与选择。此外,也可以看到国外的国家公园管理法制都是比较健全的,这对国家公园的职能发挥、有效管理和发展有至关重要的作用。国外的国家公园公益性比较明显,都是以保护为首要目的,不以盈利为主要目标,但也允许访客在国家公园特定区域进行游憩娱乐,国家公园实行特许经营,经营利益分配比较明确。各个国家公园还比较重视科普教育功能,激发民众热爱自然、保护自然的热情。国家公园的资金来源渠道也是多方面的,除了国家政府拨款,相关基金以及社会捐赠也发挥了重要作用。

这些国外国家公园建设与发展的理念都值得中国借鉴学习,结合中国实际,建设有中国特色的国家公园体制和准入评价指标体系。

第四章 中国国家公园的内涵特征与准入指标原则

第一节 中国国家公园试点现状及问题

一、国家公园试点现状

早期,中国国家公园并没有统一的建设纲要和标准,主导部门也不一致。但早期的中国国家公园建设与开发为我国国家公园的理论与实践提供了坚实的基础(李景奇、秦小平,1999;刘鸿雁,2001;贺思源、郭继,2006;李经龙、张小林,2007;程健,2008;房仕钢,2008)。2013 年,在党的十八届三中全会上提出建设国家公园的愿景,我国国家公园的开发与建设进入新的阶段,根据新的要求,截至 2021 年底,共有 10 处国家公园体制试点,分布在 12 个省份或直辖市,如表 4-1 所示。

表 4-1 我国国家公园建设试点情况表

国家公园试点单位	涉及省(市、自治区)	总面积(平方千米)	主要保护对象
三江源	青海	123 100	长江、黄河和澜沧江的源头
大熊猫	四川、甘肃、陕西	27 134	大熊猫
东北虎豹	吉林、黑龙江	14 162	野生东北虎、东北豹
神农架	湖北	1 170	亚热带森林、泥炭藓湿地生态系统
钱江源	浙江	252	原始森林
南山	湖南	636	生物物种
武夷山	福建	983	中亚热带原生性森林生态系统
海南热带雨林	海南	4 400	热带雨林生态系统
普达措	云南	1 313	湖泊湿地、森林草甸、珍稀动植物
祁连山	甘肃、青海	52 000	雪豹、白唇鹿等珍稀野生动植物

资料来源:各国家公园试点网站

第四章 中国国家公园的内涵特征与准入指标原则

目前10个国家公园体制试点中，可根据主要保护对象分为三大类。

第一类是保护原始森林，生态系统和珍稀动植物的公园，如湖北神农架、湖南南山国家公园、武夷山、祁连山、普达措、海南热带雨林。神农架国家公园体制试点包含亚热带森林生态系统、泥炭藓湿地生态系统，含有古老珍稀特有的物种，是世界生物活化石聚集地。湖南南山国家公园体制试点植物区系起源古老，是生物物种遗传基因资源的天然博物馆，生物多样性非常丰富，还是重要的鸟类迁徙通道。福建武夷山国家公园体制试点保存了地球同纬度最完整、最典型、面积最大的中亚热带原生性森林生态系统，也是珍稀、特有野生动物的基因库，是全球生物多样性保护的关键地区。云南普达措国家公园体制试点主要用于保护现有的保存完好的原始生态环境，保护园内的森林草甸、湖泊湿地、河谷溪流、珍稀动植物等各类生态资源。祁连山是我国西部重要生态安全屏障，是我国生物多样性保护优先区域、世界高寒种质资源库和野生动物迁徙的重要廊道。海南热带雨林是保护亚洲热带雨林和世界季风常绿阔叶林交错带上唯一的"大陆性岛屿型"热带雨林。

第二类是保护重要水源地的公园，如三江源和钱塘江国家公园。三江源是我国第一个得到批复的国家公园体制试点，也是目前所有国家公园试点中面积最大的公园，范围达到12.31万平方千米，主要是保护长江、黄河和澜沧江的源头地区。该试点的建设与保护关系到全国乃至亚洲水生态和气候生态的安全命脉，同时对我国生物多样建设极具意义。钱江源国家公园体制试点保护钱塘江的发源地和原始森林，是中国特有的世界珍稀濒危物种白颈长尾雉和黑麂的栖息地。

第三类是保护世界野生濒临动物的公园，如大熊猫国家公园、东北虎豹国家公园。大熊猫国家公园体制试点是为了保护"国宝"大熊猫的而设立的。试点连通了原有的相互分离的大熊猫栖息地，总面积达27134平方千米，涉及四川、甘肃、陕西三省。东北虎豹国家公园体制试点位于吉林、黑龙江两省交界处，旨在保护世界濒危动物野生东北虎和野生东北豹。目前，在世界范围内，野生东北虎仅存不到500只，野生东北豹只有50只左右。由于大型野生动物的活动半径非常大，因此该公园面积达到14 162平方千米。

二、存在问题

国家公园试点工作对我国国家公园的开发与建设具有较强的先导意义，在实践中取得了一定的成就，但通过对试点建设工作考察发现，在以国家公园为主体的自然保护地体系推进中，仍存在一些突出问题。

1. 面临保护与发展的博弈

不同试点对国家公园的认识存在差异，对国家公园的内涵与特征，以及重要性还不清楚。如三江源国家公园管理条例中,实行严格的保护,禁止一切人员私自进入,如若进入,必须要经过公园管理局的批准。从2018年2月起,公园已禁止游人进入。相反地,普达措国家公园却打着国家公园的牌子,大肆宣传旅游,已经由公司负责其运营,其内分为各类旅游区,甚至允许电影《芳华》等影视作品进去采景录制并借此大肆宣传公园,这无疑会对公园的生态环境造成恶劣影响,对资源的保护不能很好地落实。完全限制和完全商业化这两种情况都是极端的,都违背了国家公园建立的宗旨。三江源过分强调保护,而忽略了国家公园的科普、游憩功能,普达措国家公园过分强调开发利用,而忽略了保护功能。因此,如何合理地进行保护与开发,是一个需要重视的问题。

2. 存在管理效率低下现象

由于同一自然保护地区域可能会存在多块牌子,钱江源范围与古田山国家级自然保护区、钱江源国家级森林公园、钱江源省级风景名胜区等区域存在重叠部分。湖南南山国家公园整合了原金童山国家级自然保护区、南山国家级风景名胜区、两江峡谷国家森林公园和白云湖国家湿地公园4个国家级保护地。武夷山试点范围包括武夷山国家级自然保护区、武夷山国家级风景名胜区和九曲溪上游保护地带等。长城试点区内部分区域与现有的延庆世界地质公园、八达岭—十三陵国家级风景名胜区、八达岭国家森林公园重合。而不同牌子归属的主管部门也不同,这就导致在国家公园试点时,由于管理权还没有完全收上来,在解决一些问题时,需要和不同的部门进行反复沟通,致使管理效率低下。此外,由于不同部门在国家公园试点区域的管理权责划分并不明确,很多时候找不到相关负责单位,严重影响了国家公园的保护与建设进程。

3. 权属不明确

自然资源权属登记工作进展缓慢,中央、地方对自然资源的保护与开发利用上存在博弈,地方政府很多时候因为经济原因,不想把某些具有重要经济价值的、自然资源较为丰富的区域划为国家公园。土地权属问题也需要解决,国家公园应建立在国有土地上,目前自然保护地的国有土地和集体土地权属依然划分不明,特别是在边界区域,还存在争议,这导致国家公园与区域内居民等利益相关者存在一定的矛盾。这些问题都会影响国家公园的顺利建设。

第四章 中国国家公园的内涵特征与准入指标原则

4. 规划不完善

国家公园试点单位目前规划方面还有很多可以改善的地方,应该按照保护目标不同,保护程度不同,划分功能区域,对于需要严格保护的资源与生态环境,禁止人类进入,对于核心保护区以外的区域,可以根据实际情况进行生态恢复工作、科研考察工作或者适度发展旅游。此外,对不同的保护对象应该进行统筹规划,要在一个大生态环境下进行整体性保护,而不能只关注单个保护对象,不利于发挥国家公园的效能。在基础设施方面,一方面需要添加与国家公园保护相关的设施设备,帮助国家公园进行更有效的保护管理;另一方面,拆除原来服务于旅游和商业的一些基础设施,特别是处在核心保护区域内的,保住国家公园恢复生态原真性。

5. 管理制度不健全

在国家层面,已经建立了一些与国家公园相关的管理办法,但这些制度还较为宏观,只是指引了国家公园发展的方向,并没有细化到实践层面,因此国家公园自身也需要制定相关的制度体系,如保护制度、管理制度、运营制度等。目前一些国家公园试点单位已经颁布了各自的《国家公园管理条例》,为国家公园管理建设提供了制度,但是还没有形成完善的制度保障体系,还需要在资源调查、规划、建设等方面制定详细的可在实践中操作的制度。

第二节 中国国家公园的内涵与特征

针对目前国家公园试点的现状及问题分析,发现很多国家公园试点存在的问题主要是由于对中国国家公园的内涵与特征还不够清晰,在进行申报、开发、建设与保护过程中,难免会出现差错。因此,需要进一步明晰中国国家公园的内涵、特征。

《建立国家公园体制总体方案》中明确指出,国家公园的主要目的是保护具有国家级意义的大面积自然生态系统,国家在其中起到主导作用,达到科学保护与合理利用相结合的目的。国家公园应该从资源(自然资源和人文资源)、生态、规划、制度保障等多方面进行考量。国家公园的意义在于保护原生态,而不是用于旅游开发的风景区,也不是禁止入内的无人保护区。目的是为了让前来欣赏美景的游客,看到地球真正应该有的样子,引起大家对环境保护的思考。

因此,本书将中国国家公园的内涵定义为:中国国家公园是由国家设立并管理,保护具有全国乃至世界意义的重要资源和自然生态系统,规模适宜分区合理,保护为主适度开发,权属清晰制度完善的特定区域。

基于以上论述,中国国家公园的内涵与特征主要包含以下四个方面。

1. 国家性

首先,国家公园的资源与生态系统具有国家代表性,国家公园内自然资源具有典型的外观特征、丰富的科学内涵;人文资源体现国家文明象征,彰显国家文化传承;生态系统具有国家级甚至全球级意义,具有一定研究价值和典型意义。其次,国家公园的土地权属与各类资源权属归国家所有,由国家统一管理。对于集体和个人具有所有权或者使用权的土地或资源,应尽早商议确定各类补偿措施,避免国家公园在建设中出现权属争议问题。最后,国家公园的设立与管理由国家中央政府主导,建立专门的国家公园管理局进行统一管理,其他职能部门起到协调辅助作用,避免过去同一个自然保护地多个部门共管的混乱局面出现。

2. 完整性

国家公园一般都是面积较大的自然地区,包含至少一个完整的生态系统,具备足够大的规模和合适的边界,往往代表了一个自然地理区域内的数个生态系统,如完整的山系、流域、湖沼、河谷、垂直或水平带谱、动植物生态系统等,其主要管理目标是对保护区域内自然生态系统、自然资源、人文资源、生物物种实行整体的、全面的保护,注重原始性和生物多样性。同时,将一些较为分散的小型生态系统或者呈现碎片化分布的自然资源进行整合,与其周边大的生态系统形成一个完整的保护区域。但中国拥有独特的人口地理特征,人口分布密度大,同时较为集中在中东部地区,这也导致大部分国家公园面积不易设置过大,要做到生态保护与社会经济发展平衡,国家公园在尽量保证完整性的同时,需要注意规模适宜性。

3. 全民性与公益性

国家公园为社会公众服务,在保护生态系统与资源的同时,为社会公众提供接受自然环境教育、学习自然科普知识、休闲游憩的场所,当代和后代所有公民都有欣赏的机会,是全民的生态福利;同时,国家公园接受社会公众的监督,避免在国家公园区域内出现破坏生态系统、开发过度的现象。国家公园与一般旅游风景区不同,属于公共产品或公共服务,门票价格低廉,具有非营利性的特征,是公益性的自然保护地,既提供优质的水、空气、土壤等生态产品,又提供科研、游憩等服务来满足不同访客的需求。

4. 功能复合性

国家公园既要保护具有重要性和典型性的各种类型资源和生态系统,达到保护生物多样性,维护生态系统稳定性的目标,这一点和自然保护区的功能类似;国家公园还具有为资源、环境等领域的研究者提供科研场所,同

第四章 中国国家公园的内涵特征与准入指标原则

时也为社会公众提供接触自然、了解自然、学习知识的机会;此外,国家公园之所以被称为公园,其内部的资源与生态系统还具有一定的观赏价值,可以进行适度旅游开发,为国民提供休闲游玩的场所。

第三节 中国自然保护地准入指标现状与问题

由于中国国家公园目前还在试点阶段,并没有提出较为全面完善的准入指标体系,因此将目前我国存在的不同类型的自然保护地评审(评定)标准进行分析,为建立国家公园准入评价指标体系构建原则做参考。需要指出的是这些标准虽然不是以准入指标的名称命名,但含义与此基本类似,都是评估某自然保护地是否符合该类型的要求。

一、不同类型自然保护地准入指标体系现状

目前不同级别不同部门制定的自然保护地评价标准有很多,但具有国家级意义的主要有7种自然保护地评价标准,包含《国家级自然保护区评审标准》《风景名胜区规划规范》《中国森林公园风景资源质量等级评定》《地质公园评审标准(试行)》《国家矿山公园评价标准》《水利风景区评价标准》和《国家湿地公园评估标准》。

1. 国家级自然保护区评审标准

1999年,环境保护总局根据《中华人民共和国自然保护区条例》,制定了《国家级自然保护区评审标准》。根据自然区类型的不同,分为自然生态系统类、野生生物类和自然遗迹类三套评审指标,总分均为100分。评审总得分<60分时,或者评审指标得分出现0时,具有否决意义。三套评审指标均包含自然属性、可保护属性和保护管理基础三大项指标,其中可保护属性和保护管理基础的具体评价指标一样,均为7项。自然生态系统类和野生生物类的自然属性评审指标均为5项,自然遗迹类的自然属性评审指标共计4项。各类型评审指标具体见图4-1,图4-2和图4-3。

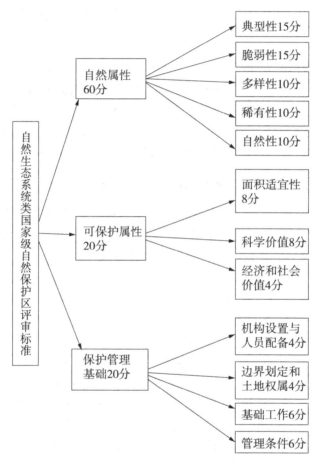

图 4-1　自然生态系统类国家级自然保护区评审指标及分值

资料来源：根据《国家级自然保护区评审标准》整理绘制

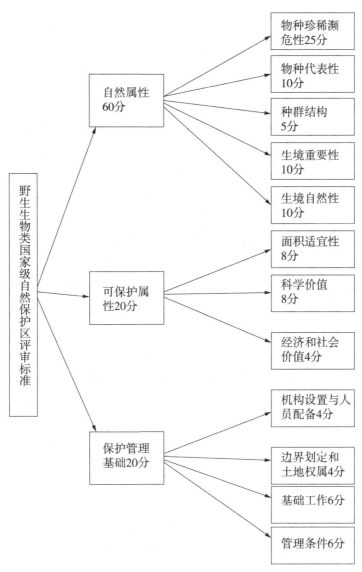

图4-2 野生生物类国家级自然保护区评审指标及分值

资料来源:根据《国家级自然保护区评审标准》整理绘制

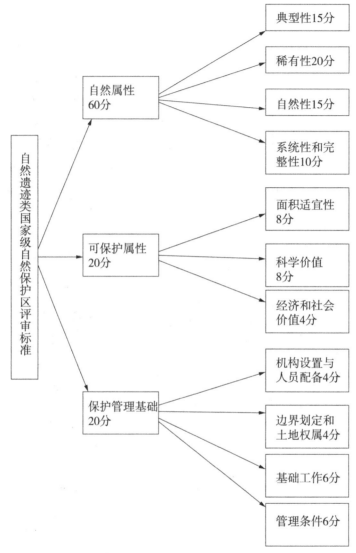

图 4-3　自然遗迹类国家级自然保护区评审指标及分值

资料来源:根据《国家级自然保护区评审标准》整理绘制

2. 风景名胜区规划规范

1999 年,国家建设部发布《国家风景名胜区规划规范》(GB50298—1999)。指出风景资源评价必须将现场踏查与资料分析相结合,实事求是地进行,采取定性概括与定量分析相结合的方法,选择适当的评价单元和评价指标,综合评价景源的特征。对独特或濒危景源,可做单独评价。

风景资源评价应对所选评价指标进行权重分析,评价指标的选择应符合图4-4的规定。对风景区或部分较大景区进行评价时,宜选用综合评价层指标;对景点或景群进行评价时,宜选用项目评价层指标。对景物进行评价时,宜在因子评价层指标中选择。因子评价层中的指标有景感度、奇特度、完整度、科技值、科普值等39项,具体不再累述。

景源评价分级分为特级、一级、二级、三级、四级等五个等级,应分别具有世界级、国家级、省级、市县级和当地吸引力的景源。

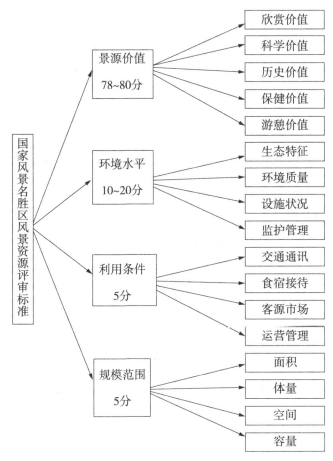

图4-4　国家风景名胜区风景资源评价指标及分值

资料来源:根据《国家风景名胜区规划规范》整理绘制

3. 森林公园风景资源质量等级评定

1999年11月,国家质量技术监督局发布国家标准《中国森林公园风景资源质量等级评定》(标准号:GB/T 18005—1999)。该标准作为森林公园保护、开发、建设和管理的依据,适用于我国已建和待建各级森林公园。

该标准规定应以对森林公园风景资源的详细调查为基础,按风景资源的特性和相关程度进行定量的综合性评价,并进行分类、分级。重点分析以森林为主体的风景资源的相对地位和开发森林旅游的可行性。评价指标体系具体见图4-5。可发现森林风景资源最关注的是生物资源,其次是地文资源和水文资源。

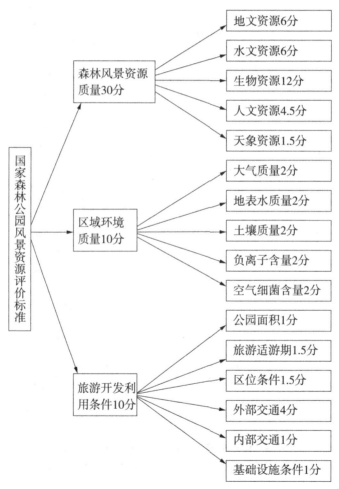

图4-5 国家森林公园风景资源评价指标及分值

资料来源:根据《中国森林公园风景资源质量等级评定》整理绘制

评价总分为50分,分别为风景资源质量评价30分,森林公园区域环境质量评价10分和森林公园旅游开发利用条件评价10分。根据总得分划分为三级:一级为40~50分,二级为30~39分,三级为20~29分。其中,一级的资源价值和旅游价值最高,应加强保护。二级的次之,应当在可持续发展的前提下,进行科学、合理的开发利用。三级的应在开展风景旅游活动的同时改善风景资源和提高生态环境质量。三级以下的应首先改善资源和环境质量。

4. 水利风景区评价标准

2004年4月,为加强水生态环境保护,科学、合理利用水利风景资源,促进人与自然和谐相处,规范水利风景区的建设、利用、保护和管理,科学评价水利风景区质量,水利部颁布《水利风景区评价标准》。本标准适用于管理和保护范围明确、权属清楚、管理机构健全的水利风景区的评价。该标准规定水利风景区评价的赋分权重应以总分为200分计。各项评价内容赋分权值分别为:风景资源评价80分、开发利用条件评价40分、环境保护质量评价40分、管理评价40分。总体评价分≥150分者可评定为"国家级水利风景区"、分值为120~149分者可评定为"省级水利风景区"。具体评价指标见图4-6。可见,水利风景区的风景资源评价中更关注水文景观和工程景观。环境保护中更关注水土保持质量和生态环境质量。

5. 湿地公园评估标准

2008年9月,国家林业局发布《国家湿地公园评估标准》。评估指标体系由湿地生态系统、湿地环境质量、湿地景观、基础设施、管理和附加分6类项目23个因子组成,总分为100分,分为"优秀""良好""一般"和"较差"四个等级。"优秀"等级的要求是:评估总得分≥80分,且单类评估项目得分均不小于该类评估项目满分的60%;"良好"等级的要求是:评估总得分≥70分,<80分,且单类评估项目得分均不小于该类评估项目满分的60%;"一般"等级的评估总得分≥60分,<70分,且单类评估项目得分均不小于该类评估项目满分的60%;"较差"等级的评估总得分<60分,或单类评估项目得分为该类评估项目满分的60%以下,评价指标及分值见图4-7。

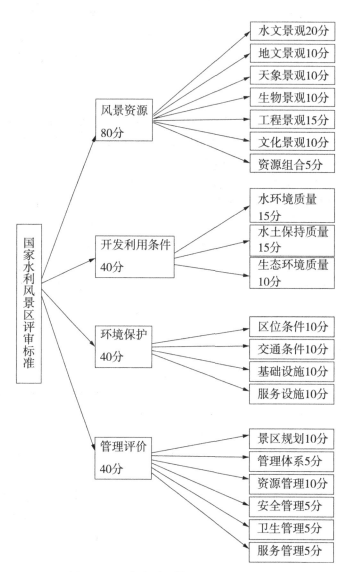

图 4-6 国家水利风景区评价指标及分值
资料来源：根据《水利风景区评价标准》整理绘制

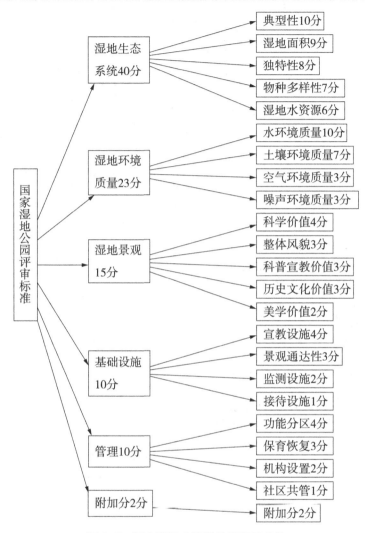

图 4-7 国家湿地公园评估指标及分值

资料来源:根据《国家湿地公园评估标准》整理绘制

6.国家地质公园评审标准

2005年5月,国土资源部颁布实施《国家地质公园评审标准(试行)》。该标准规定国家地质公园的评审指标由自然属性、可保护属性和保护管理基础三个部分组成,其下又分为12项具体指标。评审指标总分为100分,得分<60分时,具有否决意见。经评审委全体成员2/3以上(包括2/3、含委员委托的代表或书面评审意见)表决通过的地质公园,具备报国土资源部审批的资格。具体指标和分值见图4-8。

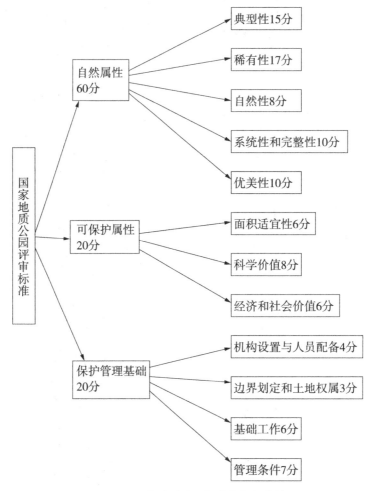

图 4-8 国家地质公园评审指标及分值

资料来源:根据《国家地质公园评审标准(试行)》整理绘制

7. 国家矿山公园评审标准

国家矿山公园评审原则上采用会审,评审前对是否符合条件进行实地考察。评审方法采用评价指标专家评分法。评价指标分为 5 类 14 项。以各评委算数平均值(可去掉最高、最低分)作为最终得分,最终得分低于 60 分者不予通过。具体评价指标和分值见图 4-9。

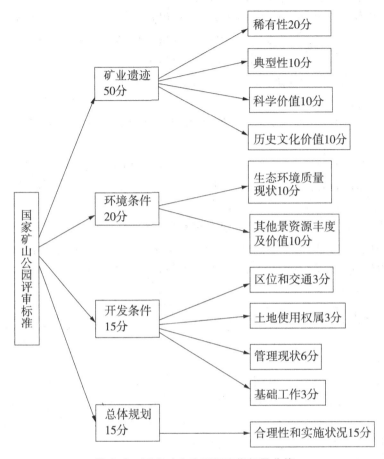

图 4-9 国家矿山公园评审指标及分值
资料来源:根据《国家矿山公园评审标准》整理绘制

二、存在问题

目前我国现行的不同类型自然保护地的评价标准在一定程度上对生态保护和社会经济可持续发展起到了一定的作用,但也存在以下一些问题。

第一,只关注本类型资源条件的重要性,所占分值较高。不同类型自然保护地都是更加注重本类型资源的评价,比如森林公园强调的是森林资源,水利风景区和水利公园强调的是水利资源,地质公园强调地质遗迹资源,矿山公园强调矿业遗迹资源。虽然也都涉及其他资源,但其权重较小,不利于对整体资源进行统筹规划保护。

第二,少有与自然保护地按照功能划分区域的指标,自然保护地一般面积较大,除了核心保护区少有人烟,在自然保护地外围有很多村庄、居民的存在,再加上旅游业的发展,游客数量一直呈上升趋势,但大多自然保护地并没有对区域进行功能分区,这也导致自然保护地在应该加强保护的地方疏于管理,原始生态环境遭到不同程度的破坏。

第三,没有做到保护与开发的平衡。一些自然保护地较为重视保护,所有指标均围绕着保护资源与生态环境编写,但另一些自然保护地又过度强调资源的利用与开发,如发展旅游、景观设置等,很少有自然保护地做到保护与适度开发利用的统一。

第四,一些准入标准的指标划分过细,这些指标概念较为模糊,相似度高,在专家进行打分的时候,难以判断与操作,把握其尺度,从而影响打分情况,使得评价过于主观性,评价失真。

第五,缺少制度条件指标。仅在水利风景区里提到了《管理制度》,其余均未提到制度条件。这会造成自然保护地在开发与建设中遇到问题时,没有可以依凭的制度去进行解决,不利于自然保护地的长期发展。

第四节　中国国家公园准入指标体系的设置原则

依据中国国家公园的内涵和特征,同时为最大限度地避免现有国家公园试点单位存在的问题,结合现有各类自然保护地的评价标准的分析与总结,本书认为中国国家公园的设置要遵循全面系统性、资源价值凸显性、权属清晰性、准确有效易操作性的原则。

1. 全面系统性原则

准入指标的设置必须具有全面性和系统性,要从资源、生态、整合管理、制度管理等方面来综合考虑,保证入选的自然保护地要妥善处理公园管理者、资源权属人和社会大众的关系。开发的指标体系有效整合现有国家级各类自然保护地的标准,摒弃其过分注重某类型资源的评价现象,达到把各类保护地资源统一到国家公园内并实施有效管理的目的。同时得反映国家公园的保护优先、协同发展的理念,在重视生态建设的前提下,适度开发旅游。除了公园自身的资源和生态建设外,要解决目前各类自然保护地地理空间重叠的现象,理顺国家公园的管理制度,明确管理机构的权责等,还要考虑与外界社会的沟通交流问题等。

2. 资源价值凸显性原则

准入评价体系要凸显资源价值,这里的资源包含自然资源、生物资源和人文资源。国家公园的各类资源必须能够代表国家形象,彰显中华文明,具有国家或世界性的重要意义。在国家公园内的自然资源、生物资源具有全球或全国代表性,在同类型资源中具有重要性和典型性意义;人文资源应该能代表国家历史文化的重要过程,彰显中华民族的文化与传承。自然保护地是否能够成为国家公园,资源价值在整个指标体系中应该具有重要的地位。资源条件不具有代表性和典型性的区域不应划为国家公园,同时也要从科普价值、观赏价值等方面综合考虑,要具有能够为公众提供自然和文化教育的机会的科普价值和促进旅游发展的观赏价值等。

3. 权属清晰性原则

国家公园权属主要包括自然资源权属、土地权属和管理权属,要改变以往权属不清晰,造成盲目、无序和过度开发的现象。国家公园要与自然资源所有权人和使用权人进行协商,通过补偿与转让方式,保证在国家公园范围内自然资源权属的明确性;国家公园要保证土地流转政策完备,无土地权属纠纷;国家公园要成立国家公园管理局,对国家公园进行统一管理,避免过去九龙治水、管理混乱、追逐利益的现象出现。

4. 准确有效易操作性原则

准确有效易操作是准入评价体系的基本要求,是衡量标准成败的标尺,要结合中国国家公园概念化的内涵和特征,提炼出能够准确表达其意思的指标,并保证指标的解释清晰明了,准确无误,可以有效反映评价项目,且通过科学的方法确定各项权重,将定性的概念定量化,以便于打分操作。

第五章　中国国家公园准入评价指标体系构建

国家公园准入评价指标需要满足以下条件：一是具有国家性，国家公园的资源、相关权属、管理均应由国家进行主导；二是应该体现生态保护的完整性，但由于中国独特的人口地理特征，国家公园面积不易过大，要保持规模适宜性；三是要体现全民性和公益性，应坚持全民共享，为社会公众提供接受自然环境教育、学习自然科普知识、休闲游憩的场所，且国家公园具有非营利性的特征，是公益性的自然保护地；四是具有功能复合性，国家公园既要保护具有重要性和典型性的各种类型资源和生态系统，又要为资源、环境等领域的研究者提供科研场所，还要为国民提供休闲游玩的空间。

因此，国家公园不同于一般自然保护地，在准入评价指标设置上，会更加严格，遵循全面系统性、资源价值凸显性、权属清晰性、准确有效易操作性的原则。基于此，编制中国国家公园准入评价指标量表，并检验量表的信度和效度，构建合理的中国国家公园准入评价指标体系，并确定不同层级各个指标的权重。

第一节　中国国家公园准入评价指标的编选

1. 初始指标编选

明确了中国国家公园的内涵特征及准入评价指标的设置原则，需要收集相关指标形成一个指标备选池，作为中国国家公园准入评价指标体系的候选项。本书主要采取归纳法和演绎法相结合的方法进行指标选择，这种方法可以结合归纳法和演绎法的优点，并避免一些可能出现的问题。首先，运用文献查阅、专家访谈、关键节点事件分析等方法收集准入指标的不同表达形式，尽可能多的收集指标；其次，研究者根据对中国国家公园内涵与特征的把握与理解，尽可能多的写出指标；最后，综合对中国国家公园准入评价指标进行编选。这样，既可以避免由于应答者对访谈和问题理解的偏差，没有理解研究者的目的，收集的指标远远多于研究者的期望；同时，也避免研究者脱离实际，人为制造一些看似可以反映现实，但却脱离中国情境的国家公园准入评价指标。

第五章 中国国家公园准入评价指标体系构建

为了使收集的指标更具有科学性和全面性,本书主要通过相关文献、不同类型自然保护地准入指标体系进行分析,以及对从事国家公园或者各类自然保护地的相关工作人员:如林业部门人员、国土资源部门人员、地方政府旅游局人员、从事自然保护地规划的科研与实践人员进行访谈与调研。

第一步,进行文献阅读,对国内外有关国家公园的理论和成果、自然保护地评价指标体系文件进行研读和分析。通过阅读国内文献和自然保护地评价指标体系文件,以最新国家公园制度出台为节点,分两个阶段提炼出中国国家公园准入评价体系的指标;通过阅读国外文献,提炼出中西方有关国家公园相似的指标,并结合国内文献确定中国国家公园特有的指标。

第二步,对从事国家公园或各类自然保护地管理工作和研究的相关专家及工作人员进行深度访谈,对受访者的访谈时间均大于半个小时,可以深入了解不同受访者的真实看法。研究者不进行预先模式设定,受访者以回答和选择的方式进行指标确定。在访谈开始之前,给出中国国家公园的背景知识,中国国家公园的内涵与特征及准入评价指标设置原则,要求受访者结合自身工作实际,列出可以反映中国国家公园准入评价的指标,越多越好,主要以受访者回答为主。当受访者无法再列出指标的时候,研究者根据自己在相关文献以及不同类型自然保护地准入评价体系文件中总结的指标对受访者进行选择式提问,让受访者以是和否的形式进行回答。如研究者可以问受访者:"你认为国家公园是否应注重生态环境保护""你认为国家公园是否应注重保护生物多样性"等问题,这样可以有效加大深度访谈的效率,并对研究者通过相关文献、文件收集来的指标与实际进行参照对比,删除不合适的指标。共对来自林业部门人员、国土资源部门人员、地方政府旅游局人员、从事自然保护地规划的科研与实践人员进行了深度访谈,其中管理者5名,员工15名,具有高级职称的10人。经过深度访谈,共收集指标条目243个,去除重复或者与研究目标相差太远的指标,得到77个初始指标。

第三步,对收集的初始指标进行进一步整理和归纳。将77个初始指标以书面形式提交给三位此前没有参与深度访谈的专家,要求这些专家按照自己在国家公园领域研究或实践中的认知进行指标归类,专家之间互相不沟通,保持独立性。三位专家提交结果后,研究者根据分类结果进行综合分析,提炼出资源价值,生态建设,整合规划,制度保障四个维度的指标。

第四步,进一步检验指标归类是否较为合适,选择三位没有参加该研究项目(包括理论研究阶段和深度访谈阶段)的人员,对他们进行国家公园知识培训,使他们深入了解国家公园的内涵与特征及准入评价指标体系的设置原则,并把资源价值,生态建设,整合规划,制度保障四个维度的含义向他们进行详细解释,确定他们已经明白这些维度的内涵与外延。然后运用反向归类法进行指标分类,三位人员不进行沟通,独立进行分类。反向归类结果如下:①三人都没有将某指标放入初始归类类别的指标有14个,所占总体比例18.2%;②仅一人将某指标放入初始归类类别的指标有16个,所占总体比例20.8%;③任意两人将某指标放入初始归类类别的指标有12个,所占总体比例15.6%;④三人完全归类一致的指标有35个,所占总体比例45.4%。为了保证指标归类的有效性和适当性,删除第一类和第二类的指标,获得中国国家公园准入评价指标的初始指标47个,其中资源价值13个指标,生态建设13个指标,整合规划10个指标,制度保障11个指标。

第五步,由于需要编制问卷进行进一步数据收集,因此需要选择合适的问卷答题形式。由于李克特量表便于设计,便于作答,同时也具有较高的信度,因此选择这种问卷形式。对指标进行题目转化,删除不适宜采用李克特量表的指标,或者是指标转换成题目后有歧义、让人无法理解的指标,并将类似的指标进一步删除或合并,将初始指标缩减为28个,其中资源价值7个指标,生态建设9个指标,整合规划6个指标,制度保障6个指标,如表5-1所示。

2. 初始指标提纯

为了进一步对初始指标进行提纯,删除不适当的指标,保证指标均具有较高的可靠性,需要编制问卷进行初步调研,问卷形式采用李克特(Likert)量表形式,从"完全赞同"到"完全不赞同"分别赋值5到1,对指标进行语句化设计,如"资源重要性"改写为"中国国家公园应该具有世界性或国家性的重要自然资源"。为了保证取样的分散性及代表性,利用网上问卷调查的形式对河南、河北、云南、湖北、北京等省、直辖市自然保护地相关工作人员和政府机构人员进行调研,获得样本201份,利用SPSS排除异常样本(有缺失值或答案过于一致),取得有效样本178份。

对中国国家公园准入评价指标的四个维度分别进行指标可靠性判断,运用极端组比较方法、题项与总分相关方法和同质性检验方法综合对指标进行分析,保留合适的指标,所有操作均在SPSS软件上执行。对每个样本数据进行分数加总,按照27%的原则,将总得分前27%和后27%的样本筛选出来组成高分组和低分组,并计算决断值比较高低分组是否具有显著差异性,当决断值≥3或者达到显著水平,保留该指标;计算题项与总分相关值和修正后的值,≥0.5时,保留该指标;题项删除后的格伦巴赫值(Cronbach's alpha)≤整体格伦巴赫值,共同性值≥0.2,及因素负荷量值≥0.6时,保留该指标。

表 5-1　中国国家公园准入评价指标（28 个）

维度	指标缩写字母	指标
资源价值	R1	资源重要性
	R2	资源脆弱性
	R3	资源多样性
	R4	资源典型性
	R5	资源科学性
	R6	资源稀有性
	R7	资源观赏性
生态建设	E1	保护原真性
	E2	保护全面性
	E3	保育恢复
	E4	面积适宜性
	E5	保护整体性
	E6	空气质量
	E7	环境质量
	E8	生物多样性
	E9	规模适宜性
整合规划	P1	功能分区
	P2	园区安全
	P3	生态补偿
	P4	访客管理
	P5	基础设施建设
	P6	公园形象
制度保障	S1	公园权属
	S2	管理权属
	S3	管理制度
	S4	人员职责
	S5	监督制度
	S6	社会监督

为了检验样本是否可以做同质性检验,运用 KMO 和 Bartlett 球体检验的方法进行判断,结果如表 5-2 所示,KMO 值>0.8,因此可以进行下一步检验。

表 5-2　KMO 和 Bartlett 球体检验

检验项目		数值
KMO 值		0.913
Bartlett 球形度值	近似卡方	2258.817
	自由度(df)	378
	显著性(Sig.)	0.000

资源价值维度指标分析数据结果如表 5-3 所示,依据判断标准,指标 R1,R4,R5,R7 保留,其他删除,中国国家公园准入评价指标体系资源价值维度的格伦巴赫值从 0.829 上升到 0.887。

表 5-3　资源价值维度指标分析摘要表

指标	极端组比较	题项与总分相关		同质性检验			备注
	决断值	题项与总分相关	修正题项与总分相关	题项删除后的 a 值	共同性	因素负荷量	
R1	10.404***	0.722***	0.618	0.801	0.545	0.739	保留
R2	1.237***	0.288***	0.261	0.838	0.075	0.089	删除
R3	2.356***	0.350***	0.331	0.846	0.168	0.154	删除
R4	9.531***	0.694***	0.550	0.811	0.462	0.680	保留
R5	8.128***	0.664***	0.532	0.813	0.445	0.667	保留
R6	2.102***	0.357***	0.342	0.842	0.182	0.163	删除
R7	7.606***	0.652***	0.504	0.818	0.404	0.635	保留
保留标准	≥3.000	≥0.500	≥0.500	≤0.829	≥0.200	≥0.600	

生态建设维度指标分析数据结果如表 5-4 所示,依据判断标准,指标 E1,E2,E5,E8,E9 保留,其他删除,中国国家公园准入评价指标体系生态建设维度的格伦巴赫值从 0.806 上升到 0.847。

第五章　中国国家公园准入评价指标体系构建

表 5-4　生态建设维度指标分析摘要表

指标	极端组比较	题项与总分相关		同质性检验			备注
	决断值	题项与总分相关	修正题项与总分相关	题项删除后的 a 值	共同性	因素负荷量	
E1	8.751***	0.536***	0.561	0.799	0.466	0.692	保留
E2	8.436***	0.666***	0.541	0.781	0.448	0.670	保留
E3	2.356***	0.377***	0.397	0.837	0.078	0.516	删除
E4	2.699***	0.393***	0.417	0.846	0.080	0.546	删除
E5	8.390***	0.637***	0.526	0.784	0.420	0.648	保留
E6	1.783***	0.273***	0.478	0.865	0.098	0.499	删除
E7	1.585***	0.234***	0.379	0.842	0.055	0.445	删除
E8	7.854***	0.603***	0.569	0.789	0.375	0.693	保留
E9	5.224***	0.507***	0.631	0.801	0.249	0.612	保留
保留标准	≥3.000	≥0.500	≥0.500	≤0.806	≥0.200	≥0.600	

整合规划维度指标分析数据结果如表 5-5 所示，依据判断标准，指标 P1、P3、P4、P5 保留，其他删除，中国国家公园准入评价指标体系整合规划维度的格伦巴赫值从 0.752 上升到 0.779。

表 5-5　整合规划维度指标分析摘要表

指标	极端组比较	题项与总分相关		同质性检验			备注
	决断值	题项与总分相关	修正题项与总分相关	题项删除后的 a 值	共同性	因素负荷量	
P1	10.914***	0.732***	0.583	0.692	0.598	0.773	保留
P2	2.672***	0.300***	0.218	0.709	0.122	0.449	删除
P3	8.337***	0.611***	0.546	0.729	0.416	0.645	保留
P4	11.309***	0.765***	0.609	0.681	0.624	0.790	保留
P5	8.342***	0.667***	0.510	0.713	0.506	0.712	保留
P6	1.774***	0.243***	0.171	0.768	0.187	0.432	删除
保留标准	≥3.000	≥0.500	≥0.500	≤0.752	≥0.200	≥0.600	

制度保障维度指标分析数据结果如表 5-6 所示,依据判断标准,指标 S1,S3,S5 保留,其他删除,中国国家公园准入评价指标体系制度保障维度的格伦巴赫值从 0.729 上升到 0.757。

表 5-6 制度保障维度指标分析摘要表

指标	极端组比较	题项与总分相关		同质性检验			备注
	决断值	题项与总分相关	修正题项与总分相关	题项删除后的 a 值	共同性	因素负荷量	
S1	7.546 ***	0.659 ***	0.630	0.612	0.687	0.829	保留
S2	2.841 ***	0.382 ***	0.353	0.747	0.035	0.231	删除
S3	7.627 ***	0.644 ***	0.618	0.623	0.659	0.812	保留
S4	1.458 ***	0.312 ***	0.196	0.749	0.010	0.100	删除
S5	6.962 ***	0.615 ***	0.617	0.642	0.486	0.697	保留
S6	1.186 ***	0.292 ***	0.137	0.776	0.127	0.356	删除
保留标准	≥3.00	≥0.500	≥0.500	≤0.729	≥0.200	≥0.600	

从整体层次对指标进行一致性检验,检验结果如表 5-7 所示,这时删除任意一个指标后的格伦巴赫值均没有>0.895,因此 16 个指标均可保留,得到中国国家公园准入评价指标体系的量表。其中,资源价值包括 4 个指标,分别是"资源重要性""资源典型性""资源科学性""资源观赏性";生态建设包括 5 个指标,分别是"保护原真性""保护全面性""保护整体性""生物多样性""规模适宜性";整合规划包括 4 个指标,分别是"功能分区""生态补偿""访客管理""础设施建设";制度保障包括 3 个指标,分别是"公园权属""管理制度""监督制度",具体如表 5-8 所示。

表 5-7 项目整体统计量

指标	项目删除时的尺度平均数	项目删除时的尺度方差	修正的项目总相关	项目删除时的格伦巴赫值
R1	84.63	97.374	0.621	0.887
R4	84.72	94.237	0.634	0.865
R5	84.53	96.861	0.585	0.887
R7	84.52	96.454	0.556	0.888

续表 5-7

指标	项目删除时的尺度平均数	项目删除时的尺度方差	修正的项目总相关	项目删除时的格伦巴赫值
E1	84.75	99.385	0.531	0.873
E2	84.47	95.900	0.554	0.889
E5	84.54	98.114	0.538	0.829
E8	84.17	98.190	0.501	0.830
E9	84.35	101.336	0.579	0.894
P1	84.71	94.061	0.656	0.845
P3	84.63	99.342	0.553	0.852
P4	84.80	94.035	0.579	0.868
P5	84.72	97.853	0.510	0.840
S1	84.60	93.292	0.619	0.886
S3	84.43	92.755	0.668	0.854
S5	84.53	96.329	0.594	0.867

表 5-8 中国国家公园准入评价指标（16 个）

构念	维度	现指标缩写字母	原指标缩写字母	指标
中国国家公园准入指标体系	资源价值	A1	R1	资源重要性
		A2	R4	资源典型性
		A3	R5	资源科学性
		A4	R7	资源观赏性
	生态建设	A5	E1	保护原真性
		A6	E2	保护全面性
		A7	E5	保护整体性
		A8	E8	生物多样性
		A9	E9	规模适宜性

续表5-8

构念	维度	现指标缩写字母	原指标缩写字母	指标
中国国家公园准入指标体系	整合规划	A10	P1	功能分区
		A11	P3	生态补偿
		A12	P4	访客管理
		A13	P5	基础设施建设
	制度保障	A14	S1	公园权属
		A15	S3	管理制度
		A16	S5	监督制度

3. 正式指标结构分析

由于目前国家公园还处在试点阶段,真正完全建成的国家公园还不存在,很多被试者对国家公园还没有形成理性认识,因此正式问卷要求被试者以身边较为熟悉的某一自然保护地(如地质公园、矿山公园、自然保护区、森林公园、湿地公园等)为例,检测问卷问题是否符合该自然保护地的实际情况。因为本研究只是为了测试中国国家公园准入评价指标的隶属度问题,采用这种方式获取问卷数据可以良好的反映该问题。问卷采用李克特(Likert)量表形式,从"很不赞同"到"很赞同"分别赋值1到5。问卷采用网上作答和现实填写两种方式,调查样本大多来自于具有国家公园试点和不同类型自然保护地的区域,如云南、四川、陕西、湖北、湖南、河南、北京等省和直辖市,原始调查问卷见附录二所示。

共收集样本286份,182份来自于网上作答,104份来自于现实填写,利用SPSS排除异常样本(有缺失值或答案过于一致),获得有效问卷249份(包含网上作答161分,现实填写88份),样本的人口统计变量分布如表5-9所示。其中,工作类型里公园经营者和公园管理者包含不同类型自然保护地和国家公园试点单位的人员,研究机构人员主要是从事与国家公园或者自然保护地相关研究、设计、规划等工作的人员,其他人员主要是游客、研学旅行者,当地居民等。由表5-9可以看出,样本分布较为合理,具有较好的代表性,可以进行中国国家公园准入评价指标体系的结构分析。

第五章 中国国家公园准入评价指标体系构建

表5-9 样本人口统计变量分布（N=249）

人口统计变量	项目	频率	百分比（%）
性别	男	114	45.8
	女	135	54.2
年龄	25岁以下	71	28.5
	26~35岁	105	42.2
	36~45岁	45	18.1
	46岁以上	28	11.2
工作类型	公园经营者	3	1.2
	公园管理者	15	6.0
	研究机构人员	92	37.0
	其他人员	139	55.8
工作年限	≤3年	84	33.7
	4~8年	62	24.9
	9~14年	53	21.3
	≥15年	50	20.1
职称	初级及以下	126	50.6
	中级	83	33.3
	副高级	28	11.3
	高级	12	4.8
学历	高中、中专及以下	7	2.8
	大专	33	13.3
	本科	165	66.2
	硕士研究生及以上	44	17.7

首先，运用一阶验证性因子分析方法对资源价值、生态建设、整合规划和制度保障四个维度的结构进行检验，如图5-1至图5-4。检测标准化因素负荷量、平均变异数萃取量（average variance extracted，AVE）和C.R.组成信度取值是否合适，来判断收集的样本数据是否与研究者预期的结构判断相一致。检验数值如表5-10所示，当标准化因素负荷量>0.6，C.R.组成信度>0.7，平均变异数萃取量>0.5，同时满足这三个条件时（Hair，2010），则具有良好的内部结构效度。依据表5-10的结果，资源价值、生态建设、整合规

划和制度保障四个维度的内部结构效度均通过检验。

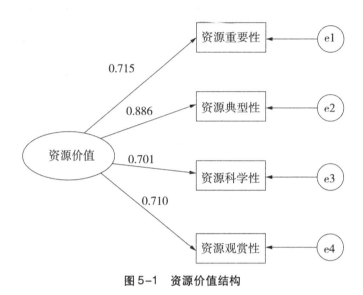

图 5-1　资源价值结构

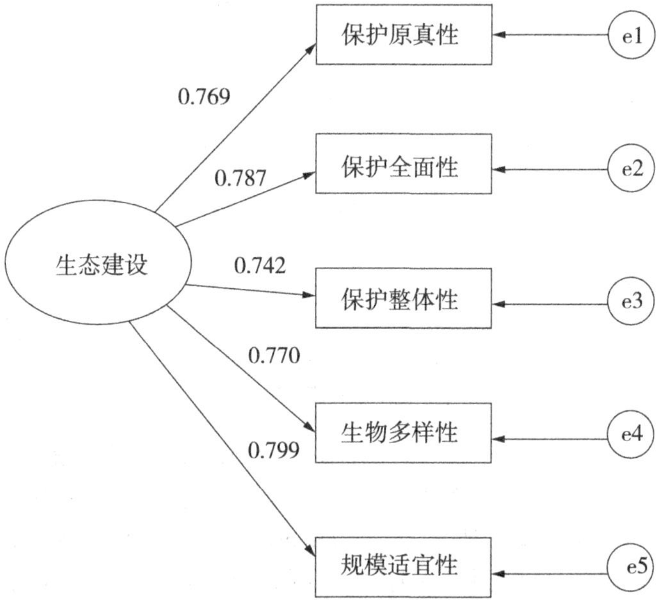

图 5-2　生态建设结构

第五章 中国国家公园准入评价指标体系构建

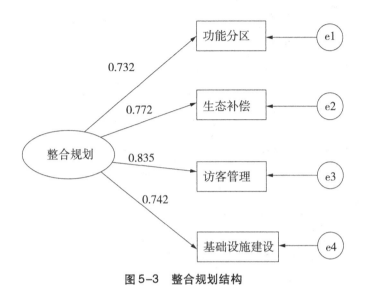

图 5-3 整合规划结构

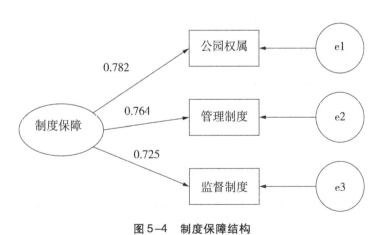

图 5-4 制度保障结构

表5-10 中国国家公园准入指标体系的内部结构效度检验

变量	指标	标准化因素负荷	标准化系数平方(SMC)	标准化残差(1−SMC)	AVE	C.R.
资源价值	A1	0.715	0.511	0.489	0.573	0.842
	A2	0.886	0.785	0.215		
	A3	0.701	0.491	0.509		
	A4	0.710	0.504	0.496		
生态建设	A5	0.769	0.591	0.409	0.599	0.882
	A6	0.787	0.619	0.381		
	A7	0.742	0.551	0.449		
	A8	0.770	0.593	0.407		
	A9	0.799	0.638	0.362		
整合规划	A10	0.732	0.536	0.464	0.595	0.854
	A11	0.772	0.596	0.404		
	A12	0.835	0.697	0.303		
	A13	0.742	0.551	0.449		
制度保障	A14	0.782	0.612	0.388	0.574	0.801
	A15	0.764	0.584	0.416		
	A16	0.725	0.526	0.474		

注：SMC(squared multiple correlation)表示潜在变量影响观测变量的程度

对中国国家公园准入评价指标体系整体的结构效度继续进行检验,运用结构方程模型的方法,构造五个可能的模型,包括模型1:无模型;模型2:一阶一因子模型;模型3:一阶四因子模型(因子无相关);模型4:一阶四因子模型(因子相关);模型5:二阶因子模型,具体如图5-5至图5-9所示。

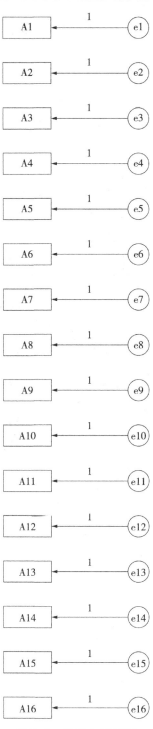

图 5-5 模型 1：无模型

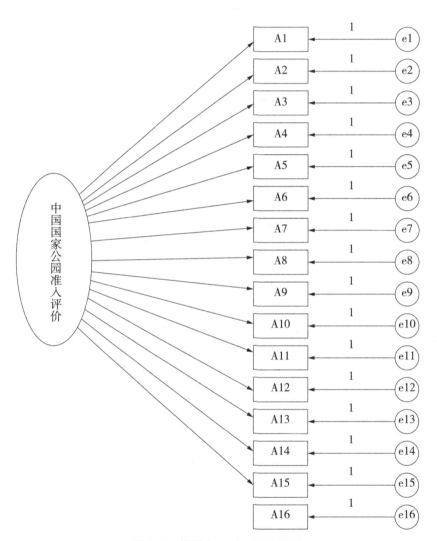

图 5-6 模型 2：一阶一因子模型

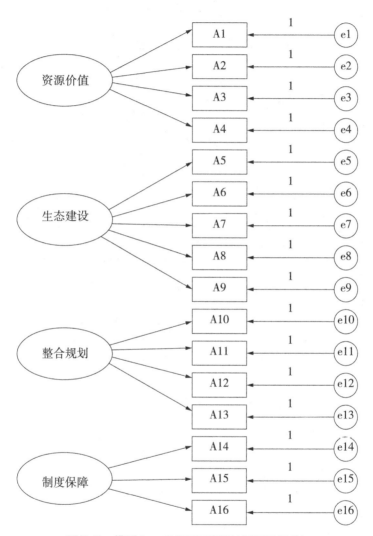

图5-7 模型3：一阶四因子模型（因子无相关）

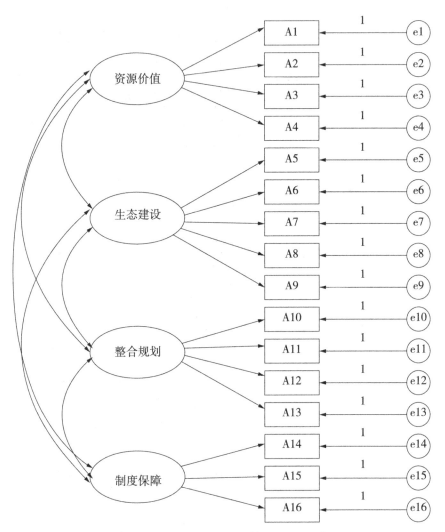

图 5-8 模型 4：一阶四因子模型（因子相关）

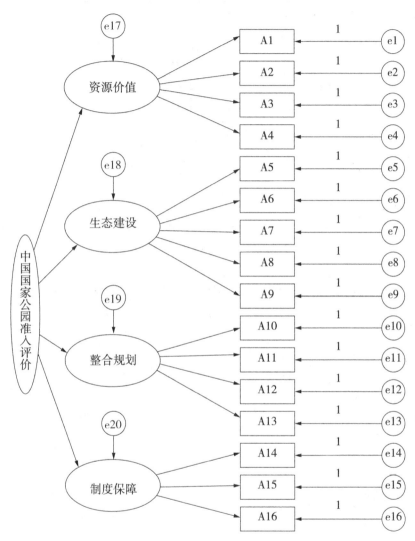

图 5-9　模型 5：二阶因子模型

　　五个结构方程模型的拟合度检验结果如表 5-11 所示,通过比较可以发现,模型 5：二阶因子模型的各个拟合度取值要优于其他结构方程模型,且符合拟合度最小取值标准(Hooper 等,2008),具有良好的拟合性。因此,选择其作为中国国家公园准入评价指标体系的最优模型,这也与本研究理论推断及调研结果相一致。

表 5-11 拟合度值比较

模型	卡方值 χ^2	自由度 DF	χ^2/DF	GFI	AGFI	CFI	RMSEA
标准	愈小愈好	愈小愈好	<3	>0.9	>0.9	>0.9	<0.08
模型 1	1254.160	120	10.451	0.403	0.323	0.000	0.195
模型 2	299.088	104	2.876	0.847	0.800	0.828	0.087
模型 3	476.995	104	4.586	0.787	0.722	0.671	0.120
模型 4	341.043	102	3.344	0.836	0.812	0.862	0.092
模型 5	167.680	100	1.677	0.923	0.915	0.940	0.052

中国国家公园准入评价指标体系的整体内部结构效度结果如表 5-12 所示,可以发现标准化因素负荷、AVE 和 C.R. 取值均符合要求,因此中国国家公园准入评价指标体系具有良好的内部结构效度。

表 5-12 中国国家公园准入评价指标体系内部结构效度检验

变量	维度	标准化因素负荷	标准化系数平方(SMC)	标准化残差(1-SMC)	AVE	C.R.
中国国家公园准入指标体系	资源价值	0.701	0.491	0.509	0.730	0.914
	生态建设	0.880	0.774	0.226		
	整合规划	0.913	0.834	0.166		
	制度保障	0.905	0.819	0.181		

第二节 中国国家公园准入评价指标分析

一、资源价值

国家公园代表国家形象,彰显中华文明,需要坚持世代传承,给子孙后代留下珍贵的资源。资源是国家公园的物质载体,也是自然保护的对象,在国内外各类评价标准中,资源均占据着重要突出的地位。因此,国家公园的资源必须体现国家性,同时要满足科研、娱乐游憩等综合功能,包含资源重要性、资源典型性、资源科学性和资源观赏性等特点。

1. 资源重要性

自然资源包含国土资源、矿产资源、生物资源、海洋资源、气象资源、水资源、农业资源、森林资源等，反映了地球上地质地貌和生态环境演化的历史，承载了人类与自然相互作用的文明发展关系，是一个特定区域如地市、国家乃至世界的自然遗存；人文资源必须能够代表国家形象，彰显中华文明，具有国家或世界性的重要意义。因此，指标中的资源的重要性即指资源具有世界或国家性的重要意义，能够展示地球地貌或生态环境演化的历史、保护濒临灭绝的生物以及人类与自然相互作用和谐发展的关系。

2. 资源典型性

资源典型性包含代表性和稀有性两层意义。代表性体现在国家公园内的自然资源在全球、全国、同一生物地理区内或同类型中具有代表意义；人文资源代表了国家某一历史时期的文化象征及传承。稀有性是指自然资源只存在于国内或者世界稀有，具有珍稀性和濒危性；人文资源在全国、区域及民族文化习俗中具有特殊价值，具有稀少性或唯一性。

3. 资源科学性

资源科学性是指自然资源或人文资源在生态、遗传、地质、环境、历史等方面具有重要的研究、修学、普及的学术价值和教育意义。国家公园是一个天然的实验室，地层地貌、自然遗迹、地质灾害以及其特殊的生物群落、区域环境和人文资源等，均为科学家研究地球的发展历史、地貌演化和动植物生境变化、区域环境变迁、人类文明等课题提供了原始的第一手现场资料和自然素材，是大中专院校相关专业学生的实习基地，为中小学生获取自然环境教育和学习自然人文地理知识提供场所。同时，也满足国家公园的公共服务功能，即满足公众的环境教育和求知的需求。

4. 资源观赏性

资源观赏性指国家公园内的资源应具有一定的景观价值，可以满足公众欣赏休闲、游乐活动等需求，具有一定的经济和社会价值。虽然国家公园不是以大众旅游观赏为主，但适度的旅游开发，可以使国家公园为公众提供一个适度休闲娱乐、游憩放松的场所，满足公众娱乐游憩的需求，使公众在寓教于乐的同时，认识和了解资源、环境与生态保护的作用和意义。

二、生态建设

与一般自然保护地相比，国家公园的自然生态系统更完整，保护更严格，管理层级更高。因此生态建设是国家公园必须考虑的因素，国家公园生态建设关系到人民群众的利益，关系到国家公园资源是否可以永续存在与利用。良好的生态建设必须通过保护来实现，体现在保护原真性、保护全面性、保护完整性、生物多样性和规模适宜性五个方面。

1. 保护原真性

保护原真性是指保持公园的原始状态,人为干扰极少,少有人工开发痕迹,公园的整体风貌未因开发利用而发生变化,动植物种类及自然地貌得到充分保护,无自然和人为破坏现象,公园内部的环境自净能力强,可以反映出大自然最真实原始的一面。自然资源和人文景观保持相对真实性,体现人类历史文明传承、反映自然界演化史。

2. 保护全面性

保护全面性是指能够保护到公园内各类自然、生物和人文资源,坚持"山水林田湖草"生命共同体这一理念,以及野生动植物及其栖息地、矿产、地质遗迹资源、文物古迹、特色民居、传统文化等自然、生物、文化、历史等生态资源与环境,全方位、全地域、全过程开展生态环境保护。

3. 保护完整性

保护完整性是指包含生态环境内容上的完整性和范围上的完整性。内容完整性指保护要素完整,具有完整的山脉、水域、地质地貌、生态等,能够保证动植物的栖息地。范围上的完整性指对资源要素的保护在范围上是完整的,不能存在对同一临近区域内的资源一部分保护,另一部分不保护,任其割裂,任由其无序发展。

4. 生物多样性

生物多样性是生物及其环境形成的生态复合体以及与此相关的各种生态过程的综合,其包含三个层次,即遗传多样性、物种多样性和生态系统多样性。生物多样性需要重视国家公园内携带不同遗传信息的生物个体,以及动、植物等物种资源的丰富程度,还需要重视园区内生态系统组成、功能和过程的多样性。生物多样性关系到国家公园内部的生态稳定,关系到自然物种之间以及自然系统所具有的整体系统功能,关系到动植物生存、人类生存和可持续发展,是国家公园生态建设的重要任务。

5. 规模适宜性

规模适宜性是指国家公园具有足以发挥多种功能的面积,可以有效维持生态系统、科普及适度旅游开发的结构和功能,规模不宜过大或过小。中国人口稠密,特别是在中东部地区很少有大片区域无人居住或者开发利用,国家公园应充分考虑中国这一实际情况,处理好保护与利用这一矛盾,合理确定国家公园的范围。公园规模的大小影响到是否可以有效保护生态环境,同时又不严重影响利益相关者的权益。国家公园的规模不能过大,否则会造成土地纠纷严重,制约相关矿产的开发和经济的发展,影响当地社区居民的生产生活等问题;同时国家公园如果范围过小,会对重要的资源和生态环境保护地不全面、不完整,没有发挥出国家公园的效应。因此,要依据国家现实状况,确定较为合理的国家公园规模范围。

三、整合规划

目前国家公园试点大部分在各类自然保护地的基础上建立,存在"拼盘"现象,一些公园带着国家的字号,打着保护的旗号,行使开发的实质,将自然保护地作为当地的摇钱树,大肆开发,丝毫不在意对资源的破坏程度,严重影响了公园的可持续发展和建立宗旨;另一些公园限制当地居民的生产生活,谢绝游客的参观游览,走向另一个极端。如何保障相关利益者的利益,同时调动其保护资源的积极性,也是要重点考虑的问题。同时,公园大肆进行旅游开发,公园单日游客量大增,尤其是节假日,公园的交通拥堵、住宿和饮食紧张、人满为患,导致游客的娱乐休闲、求知科研等需求大打折扣。因此,国家公园应针对不同类型制定作用各异的功能分区,对现有的功能区进行整合,重新进行划分,保证公园内部资源所有者和周边居民的利益不受到损害,同时提高公园的科研价值和游憩观赏价值等,对公园的访客量进行管理,达到保护和适度开发共存,并建立相应的基础设施建保障国家公园的合理运行。

1. 功能分区

国家公园根据园区内资源与生态保护的需求,重视不同利益相关者的权益,平衡保护与利用之间的关系进行功能分析,按照保护级别不同分为核心区、限制区和防护区,体现核心区严格保护,限制区重点保护,防护区适当利用的特点,实施差别化管理的策略。从防护区到核心区各个区域内的保护程度依次提高,实现生态、生产、生活空间的科学合理布局和可持续利用。如有必要,也可根据保护类型的不同进一步细分。功能分区制定时,保护目标要明确,空间区划要合理,对各功能区的规划符合自然保护要求,并能兼顾一定的普通旅游与研学旅游需求。

2. 生态补偿

生态补偿是为了保障国家公园内原住居民、资源所有者和开发利用者的正当利益,妥善处理区域内当地居民生产生活的关系,保护集体所有资源优先权。建立国家公园必然会对区域内利益相关者,如原住居民、资源所有和开发利用等单位和个人造成影响,这时需要建立一定的补偿机制,减少国家公园区域内这些人群的经济或其他损失,促进国家公园区域内和区域间协调发展,不能打着"建立国家公园,保护生态环境"的旗号,直接或间接损害他人的正当权益。建立合理有效的生态补偿机制,也可以减少矛盾的出现,防止恶性事件发生。

3. 访客管理

访客管理包括对科研者和游客到访的管理,对其入园的申请、控制等要求做出规定。国家公园主要以保护为主,参观旅游为辅,需要采取严格监管、严格执法等措施对国家公园实施最严格的保护,有限开放旅游区域,对访客实行日最佳容量管控。国家公园应当根据环境承载能力和资源监测结果,合理确定访客容量,施行限额管理、提前预约和定期休园制度,及时向公众公布访客实时流量和最大承载量等信息。针对不同的功能区实行分级分类保护,对于严格保护区和生态保育区要禁止一切开发建设和人为的干扰活动。对于游憩展示区和传统利用区,只进行有限的旅游和传统农业生产。

4. 基础设施建设

基础设施建设主要是满足社区居民和访客对交通、食宿、观赏、科研、探险及宣传教育等需求,构建自然人文资源、接待服务系统、宣教展示系统,规划建设配套公用设施,以及和国家公园相配套的设施设备,提高国家公园园区内外的管理水平和公共服务水平。基础设施包括公园内外部交通的通达性,通信设施,给排条件,服务设施条件(包括住宿、饮食、娱乐、保健、商务、会展、商业、修学设施)等,有先进完善的访客中心、志愿者中心、电子商务、安全管理、环境监测、火警瞭望、污水处理等营运设施,以及行政办公室、职工住房等办公设施。

四、制度保障

任何管理体制的执行,都要有制度的保障。但国家公园在我国还是一个新生事物,理念较新,实践时间较短,并没有形成有效的制度保障体系来对其进行实践指导。因此,需要对现有保护地制度进行整合及完善,规定国家公园设立、运营、保护、管理和利用有关内容和程序,并与其他自然和文化资源保护、管理的相关制度办法相协调,制定完善配套政策,制定各类标准、管理条例、规章制度等。国家公园的制度保障包括公园的权属制度,管理制度和监督制度三个方面。

1. 权属制度

公园权属包括自然资源权属,土地权属和管理权属,主要体现在国家公园申报时期。自然资源权属不够清晰是造成资源盲目过度开发、开采现象出现的重要原因之一,这导致生态环境破坏十分严重。这与国家公园严格保护生态环境的宗旨相违背,同时,国家公园的国家性和公益性也决定了明晰资源权属是当务之急。土地权属直接影响自然保护地的保护效果,国家公园要保证土地流转政策完备,无土地权属纠纷。国家公园的国家性决定了国家公园的管理者必须是国家,国家公园要成立国家公园管理局,明确管

第五章 中国国家公园准入评价指标体系构建

理权属,改变以往自然资源名义上归国家所有及管理,但实际上由自然保护地区域的人民政府行使代理管辖权,出现谁管理谁享有的现象,从根本上破解多头体制、管理分割、协调无力、合作低效的困境,化解急功近利、重复建设、过度开发、恶性竞争的痼疾。

2. 管理制度

管理制度包括管理机构和管理制度两方面,主要体现在国家公园运营时期。国家公园要设置良好的管理层级,合理健全,目标明确,职能明晰,管理运行顺畅。建立国家—省级—公园三级管理机构。同时,管理人员专业与方向配置合理,有一支稳定专业的资源管理、科学解说和经营管理者,且专业技术人员在国家公园管理中要起到主导作用;还要有一支稳定的各个领域的专家技术人员进行国家公园资源、生态保护与研究的咨询服务。在国家公园开发与运营不同时期,要建立相应的管理制度,不但注重国家公园的保护,同时也注重国家公园的运营,协调好国家公园在保护与经营上的矛盾。

3. 监督制度

监督制度针对来自政府层面、专业机构层面和社会层面的监督,主要体现在国家公园从申报到运营的各个时期。国家公园的利益相关群体众多,包括地区政府、相关部门、资源使用者、从业人员、访客和社区居民等,各方利益分配不均以及滥用权利会造成自然生态破坏,利益矛盾重重。对于政府机构来说,主要从资源与生态环境保护对国家公园的开发与运营进行监督;对于专业机构来说,主要从国家公园的规划方面进行监督;对于社会层面的来说,让公众参与到国家公园的管理中来,发挥民主决策、民主监督的作用,建立科学、合理的公众参与机制以保障公众的知情权及参与权,从而提高公众满意度。这也体现了国家公园"全民发展、全民共享"的特征。

第三节 与现有自然保护地准入评价指标差异比较

本书提出的准入评价指标不是盲目的自创,而是在分析现有公园试点单位的现状及问题和各类保护地评审标准,以及研读各学者关于国家公园评价指标的研究的基础上,通过专家访谈和问卷调查,进行数据分析建立的。因此,具有各类自然保护地评价的客观性和实践性,同时具有研究的严谨性与科学性。截至2018年10月,大部分中国国家公园准入评价指标体系研究是在国家公园总体方案颁布实施(2017年9月)前发表的,对国家公园的内涵判断不是十分准确,大多是各位研究者根据国内外研究现状,分析得出的中国国家公园内涵,无法结合现行国家公园的具体政策,从而导致评价指标会稍微有所偏差。而本书结合现有国家公园总体方案,结合试点单位的现实情况,创新性地提出的评价指标,跟已有的自然保护地准入评价指标和其他研究者提出的国家公园准入评价指标相比,其差异性和先进性体现在以下几个方面。

第一,评价指标更加全面合理。从资源价值、生态建设、整合规划和制度保障四个方面对公园进行全面评价。摒弃了原有自然保护地仅偏重本类型的资源评价问题,对国家公园的准入条件进行全面综合评价,兼顾资源、生态、规划及制度各个方面。

第二,关注资源价值和生态建设,对国家公园需要保护的资源进行了重新定义和归类,不打破原自然保护地的资源现状,并将原属于同一类资源的自然保护地进行有效合理的整合。对生态环境的保护需要注重原真性、完整性和全面性,以及生物的多样性,体现生态保护全面一体的原则。同时注重国家公园的规模适宜性,充分考虑目前中国的实际情况,与国外相比,中国没有大面积没有人居住的地区,把国家公园的规模按照地区实际,既保护环境,又不影响当地居民的生产生活,建设符合中国情境、中国特色的国家公园。

第三,由于目前我国已经建立了较为完善的自然保护地体系,大部分资源和景观良好的地方均已被贴上了自然保护区、森林公园、地质公园、风景名胜区等保护地标签,因此,国家公园准入评价指标更加关注的是整合规划,合理配置资源,妥善处理保护和开发的关系、利益相关者的关系,选择从公园的功能分区、生态补偿、访客管理和基础服务设施建设方面进行评判。其中,功能分区体现了公园对资源的保护和旅游开发的平衡;生态补偿体现了合理处理与资源所有者、使用者的关系;访客管理体现了国家公园与科研工作者、旅游者的关系;基础设施服务建设则是对国家公园的应具备设施的评价,满足公园的保护、科研与游憩的功能。

第四,创新性地融入制度建设,与国家公园内涵相结合,解决目前九龙治水的局面,理清管理层级和职能,充分考虑各利益相关者的利益表达,加入了各项监督制度,使国家公园从申报到建设、运营都可以得到政府、专业机构和社会大众的有效监督,帮助国家公园科学健康的成长。

总之,本指标简练明了,易于操作。评价层只有两层,共4个一级指标和16个二级项目,且每个项目均有详细的描述,指标间的区分度比较大,易于辨别,这种层次少、项目少的评价指标体系,比繁冗拖沓的指标体系更加易于操作。该准入评价指标体系紧密结合国家自然保护地和国家公园试点单位现有的问题,体现了国家公园的内涵和特征以及国家公园发布的最新政策,紧跟时代发展,符合中国情境。

第六章 中国国家公园准入评价指标的权重确定

第一节 方法选择

目前,对指标权重计算的方法很多,一般可以分为:主观赋权法,客观赋权法和组合赋权法。

1. 主观赋权法

主观赋权法是专家依据自身理论或实践经验,通过主观判断,对指标的重要程度进行排序得出权重的方法,目前主要有德尔菲法,层次分析法,二项系数法,环比评分法,最小平方法等。主观赋权法目前发展已经较为成熟,由于专家具有较强的理论基础和实践经验,确定的各指标权重排序具有一定的合理性,但决策结果由于是根据专家主观意愿决定的,具有较强的主观随意性,如果专家自身经验或知识有一定欠缺,或者对决策领域不熟悉,容易造成决策指标权重与实际重要程度不一致的情况,具有一定的局限性。

2. 客观赋权法

客观赋权法的原始数据主要来自各指标在现实中的实际数据,目前主要有主成分分析法、熵值法、离差法、多目标规划法等,这种赋权方法主要是利用原始数据得到决策矩阵,通过指标值的离散程度来确定指标权重。客观赋权法计算的权重客观性较强,且不增加决策者的负担,方法具有较强的数学理论依据,但这种方法由于没有考虑到决策者的主观意向,计算的权重可能与实际情况或者人们期望不符,过于刻板,这主要是由于按客观赋权法确定权重时,最不重要的属性可能具有最大的权重,而最重要的属性却不一定具有最大的权重。同时,这种方法过于依靠实际情况,如果实际无法提供一定数量的数据,则不能采取这种方法。

3. 组合赋权法

组合赋权法又称为主客观综合赋权法,这种方法兼顾了前面两种赋权法的优点,并同时减少专家在赋权时可能存在的主观随意性,也注重专家对指标的偏好程度,达到主客观一致性,得到更为可靠的指标权重结果。因此,本研究将采用这种方法,选取基于模糊的德尔菲法进行指标权重的计算。

模糊的德尔菲法是将各个专家给出的两两比较判断矩阵,利用模糊三角数的理念加以合成,组成一组两两比较判断矩阵,计算最大特征根值和特征向量,并利用模糊三角数的运算方法,结合群体决策乐观系数和一致性系数,确定最终权重。这种方法不但可以克服单个专家的主观臆断,还可以在群体决策层面上综合不同专家意见,给出较为合理的权重结果,使权重结果较为精确。

基于模糊的德尔菲法主要分为五个步骤:

(1)建立层次结构模型

需要建立相应的评价指标体系,体系整体及各个指标内容明确、结构合理,并依据指标体系结构关系构建层次结构模型。

(2)基于模糊德尔菲法的专家问卷调查

按照五级标度法将两两指标相比重要性的程度分为五个等级,划分方法如表6-1所示。对同一层次的两两指标分别进行重要程度比较,得到比较判断矩阵。判断矩阵的表示如表6-2所示,A_1和A_1同样重要,$a_{11}=1$,A_1比A_2稍微重要,则$a_{12}=2$,$a_{21}=1/2$,A_1比A_3较强重要,则$a_{13}=3$,$a_{31}=1/3$,A_1比A_4明显重要,则$a_{14}=4$,$a_{41}=1/4$,A_1比A_5绝对重要,则$a_{51}=5$,$a_{15}=1/5$,其他数值同样处理转换。

表6-1 五级标度法

标度	定义(比较指标 i 与 j)
1	指标 i 与 j 一样重要
2	指标 i 比 j 稍微重要
3	指标 i 比 j 较强重要
4	指标 i 比 j 明显重要
5	指标 i 比 j 绝对重要
倒数	表示指标 j 与 i 的比较值等于指标 i 与 j 比较值的倒数

表6-2 判断矩阵

	A_1	A_2	A_3	A_4	A_5
A_1	1	2	3	4	5
A_2	1/2	1	2	3	4
A_3	1/3	1/2	1	2	3
A_4	1/4	1/3	1/2	1	2
A_5	1/5	1/4	1/3	1/2	1

注:表中数值仅为举例,不代表真实情况

(3) 构造群体模糊判断矩阵

对于同一层级的指标,每个比较判断矩阵都代表了不同专家对各个指标两两相对重要程度的意见,但由于每个专家的经验和理论水平不同,对同一个问题认识程度不同,因此结果差别较大,需要采用模糊三角数来整合专家的意见,得到一个折中的结果。这就需要建立一个模糊群体比较判断矩阵。假定通过问卷调查,已经确定出第 k 个专家在某一准则下对第 i 个指标和第 j 个指标之间判断的相对重要程度为 B_{ijk},用三角模糊数表示的群体两两判断矩阵为 $B=(B_{ij})$,其中 B_{ij} 为三角模糊数,$B_{ij} = (\alpha_{ij} \quad \beta_{ij} \quad \gamma_{ij})$

$$\alpha_{ij} < \beta_{ij} < \gamma_{ij}$$

且 $\alpha_{ij}, \beta_{ij}, \gamma_{ij} \in [1/5, 1] \cup [1, 5]$

其中,$\alpha_{ij} = Min_k(B_{ijk})$

$\beta_{ij} = Geomean(B_{ijk})$

$\gamma_{ij} = Max_k(B_{ijk})$

这里 Min 表示最小判断矩阵,Geomean 表示几何平均判断矩阵,Max 表示最大判断矩阵,由不同专家问卷数据综合得到。

(4) 确定群体模糊权重向量

基于三个比较判断矩阵,分别计算其最大特征根值及所对应的特征向量,并进行归一化处理,所得结果即为同一层次指标的权重。

(5) 群体决策影响分析

由于得到的是三个权重结果,因此需要对权重进行反模糊化处理,令 $\alpha \in [0,1]$ 表示截值参数,假设 $w_i = (w_i^L \quad w_i^M \quad w_i^U)$,令

$$w_i^L(\alpha) = (w_i^M - w_i^L)\alpha + w_i^L \qquad (公式6-1)$$

$$w_i^U(\alpha) = (w_i^U - w_i^M)\alpha + w_i^M \qquad (公式6-2)$$

$$W_i(\alpha, \lambda) = \lambda w_i^U(\alpha) + (1-\lambda) w_i^L(\alpha) \qquad (公式6-3)$$

进一步,将 $W_i(\alpha, \lambda)$ 规范化,得到归一化权重向量

$$W_i(\alpha, \lambda) = W_i(\alpha, \lambda) / [\sum_i W_i(\alpha, \lambda)] \qquad (公式6-4)$$

其中 α 代表权重关于决策专家判断意见的变动程度,取值为[0,1],当 a=0 时,说明决策的变动范围最大,当 a=1 时,说明决策的变动范围最小,可不进行模糊化处理权重,是一个决策环境系数。

λ 代表专家对指标比较的乐观程度,取值为[0,1],当 a=0 时,专家的意见都取权重的上限,最为乐观,当 a=1 时,专家都采取较为保守的态度,取各自权重的下限,λ 被称为决策乐观系数。

在实际权重确定的过程中,如果专家组对问题的共识性较高,可以选择较大的 α,如果决策者对评价问题的乐观程度越大,则 λ 的值也越大。

第二节 基于模糊德尔菲法的指标权重确定

结合上述的研究成果,中国国家公园准入指标体系如图6-1所示。

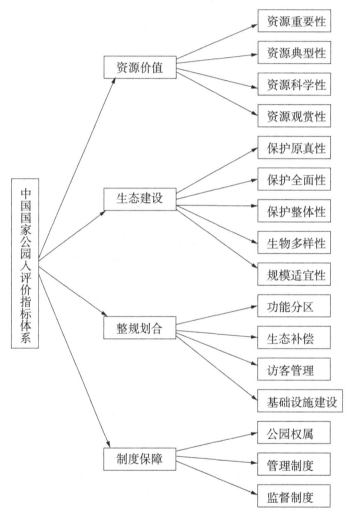

图6-1 中国国家公园准入指标体系

该指标体系共有4个一级指标,16个二级项目,需要分别计算一级指标权重和各个一级指标所包含的二级项目权重。调查问卷(伏牛山自然保护地准入中国国家公园评价调查表;见附录三),本次共调查8位专家,选取的专家分别是国土资源部门研究员2名,国土资源科研单位教授级高工2名,某地质调查院旅游中心教授级高工2名,从事旅游的大学教授各1名。专家依据表6-1进行两两指标相对重要度确定,结果见附录四。

1. 一级指标权重确定

通过对8位专家的问卷回答情况进行整理,得到8个构造判断矩阵如下:

$$\begin{pmatrix} 1 & 5 & 1 & 4 \\ 1/5 & 1 & 1 & 1/3 \\ 1 & 1 & 1 & 3 \\ 1/4 & 3 & 1/3 & 1 \end{pmatrix} \begin{pmatrix} 1 & 2 & 2 & 1 \\ 1/2 & 1 & 2 & 1 \\ 1/2 & 1/2 & 1 & 1 \\ 1 & 1 & 1 & 1 \end{pmatrix} \begin{pmatrix} 1 & 1 & 4 & 1 \\ 1 & 1 & 5 & 1/2 \\ 1/4 & 1/5 & 1 & 1/2 \\ 1 & 2 & 2 & 1 \end{pmatrix}$$

$$\begin{pmatrix} 1 & 3 & 2 & 1 \\ 1/3 & 1 & 1/2 & 1/3 \\ 1/2 & 2 & 1 & 1/2 \\ 1 & 3 & 2 & 1 \end{pmatrix} \begin{pmatrix} 1 & 2 & 3 & 2 \\ 1/2 & 1 & 1/3 & 4 \\ 1/3 & 3 & 1 & 1/5 \\ 1/2 & 1/4 & 5 & 1 \end{pmatrix} \begin{pmatrix} 1 & 2 & 3 & 1 \\ 1/2 & 1 & 3 & 1/2 \\ 1/3 & 1/3 & 1 & 1 \\ 1 & 2 & 1 & 1 \end{pmatrix}$$

$$\begin{pmatrix} 1 & 3 & 4 & 4 \\ 1/3 & 1 & 3 & 3 \\ 1/4 & 1/3 & 1 & 3 \\ 1/4 & 1/3 & 1/3 & 1 \end{pmatrix} \begin{pmatrix} 1 & 3 & 2 & 4 \\ 1/3 & 1 & 1 & 1 \\ 1/2 & 1 & 1 & 2 \\ 1/4 & 1 & 1/2 & 1 \end{pmatrix}$$

对上述矩阵进行整理,采用模糊三角数理论来整合专家的意见,并构造群体比较判断矩阵,计算出判断矩阵的最大特征根值 λ_{max} 及其所对应的特征向量,并进行归一化处理,得到最小、平均和最大三个一级指标权重结果。群体模糊判断矩阵如下:

$$\alpha_{ij} = min_k(B_{ijk}) = \begin{pmatrix} 1 & 1 & 1 & 1 \\ 1 & 1 & 1/3 & 1/3 \\ 1 & 3 & 1 & 1/5 \\ 1 & 3 & 5 & 1 \end{pmatrix}$$

$$\beta_{ij} = Geomean(B_{ijk}) = \begin{pmatrix} 1 & 2.5 & 2.38 & 2.25 \\ 0.4 & 1 & 1.73 & 1.4 \\ 0.42 & 0.58 & 1 & 1.4 \\ 0.44 & 0.71 & 0.71 & 1 \end{pmatrix}$$

$$\gamma_{ij} = max_k(B_{ijk}) = \begin{pmatrix} 1 & 5 & 4 & 4 \\ 1/5 & 1 & 5 & 4 \\ 1/4 & 1/5 & 1 & 3 \\ 1/4 & 1/4 & 1/3 & 1 \end{pmatrix}$$

运用matlab软件求取上面三个矩阵的最大特征根 λ_{max} 和对应的特征

向量。

对于最小值判断矩阵:

$\lambda_{max} = 4.496$,对应的特征向量为$(0.399, 0.225, 0.355, 0.815)^T$,归一化处理结果为$(0.222, 0.126, 0.198, 0.454)^T$,即一级指标的权重。计算结果见表6-3所示。

表6-3 一级指标最小判别矩阵和权重

指标项	资源价值	生态建设	整合规划	制度保障	权重
资源价值	1	1	1	1	0.222
生态建设	1	1	1/3	1/3	0.126
整合规划	1	3	1	1/5	0.198
制度保障	1	3	5	1	0.454

对于平均值判断矩阵:

$\lambda_{max} = 4.058$,对应的特征向量为$(0.801, 0.417, 0.320, 0.286)^T$,归一化处理结果为$(0.439, 0.229, 0.175, 0.157)^T$,即一级指标的权重。计算结果见表6-4所示。

表6-4 一级指标平均指标判别矩阵和权重

指标项	资源价值	生态建设	整合规划	制度保障	权重
资源价值	1	2.5	2.38	2.25	0.439
生态建设	0.4	1	1.73	1.4	0.229
整合规划	0.42	0.58	1	1.4	0.175
制度保障	0.44	0.71	0.71	1	0.157

对于最大值判断矩阵:

$\lambda_{max} = 4.585$,对应的特征向量为$(0.888, 0.412, 0.174, 0.107)^T$,归一化处理结果为$(0.562, 0.260, 0.110, 0.068)^T$,即一级指标的权重。计算结果见表6-5所示。

表 6-5 一级指标最大判别矩阵和权重

指标项	资源价值	生态建设	整合规划	制度保障	权重
资源价值	1	5	4	4	0.562
生态建设	1/5	1	5	4	0.260
整合规划	1/4	1/5	1	3	0.110
制度保障	1/4	1/4	1/3	1	0.068

2. 资源价值二级项目权重确定

通过对8位专家的问卷回答情况进行整理,得到8个构造判断矩阵如下:

$$\begin{pmatrix} 1 & 1 & 1 & 3 \\ 1 & 1 & 1 & 3 \\ 1 & 1 & 1 & 3 \\ 1/3 & 1/3 & 1/3 & 1 \end{pmatrix} \begin{pmatrix} 1 & 2 & 3 & 2 \\ 1/2 & 1 & 1 & 2 \\ 1/3 & 1 & 1 & 1 \\ 1/2 & 1/2 & 1 & 1 \end{pmatrix} \begin{pmatrix} 1 & 1/2 & 4 & 1/2 \\ 2 & 1 & 5 & 1 \\ 1/4 & 1/5 & 1 & 1/2 \\ 2 & 1 & 2 & 1 \end{pmatrix}$$

$$\begin{pmatrix} 1 & 2 & 3 & 3 \\ 1/2 & 1 & 2 & 2 \\ 1/3 & 1/2 & 1 & 1 \\ 1/3 & 1/2 & 1 & 1 \end{pmatrix} \begin{pmatrix} 1 & 2 & 1/2 & 3 \\ 1/2 & 1 & 3 & 3 \\ 2 & 1/3 & 1 & 4 \\ 1/3 & 1/3 & 1/4 & 1 \end{pmatrix} \begin{pmatrix} 1 & 1 & 1 & 2 \\ 1 & 1 & 1/3 & 2 \\ 1 & 3 & 1 & 3 \\ 1/2 & 1/2 & 1/3 & 1 \end{pmatrix}$$

$$\begin{pmatrix} 1 & 4 & 3 & 5 \\ 1/4 & 1 & 2 & 2 \\ 1/3 & 1/2 & 1 & 1/2 \\ 1/5 & 1/2 & 2 & 1 \end{pmatrix} \begin{pmatrix} 1 & 1 & 2 & 2 \\ 1 & 1 & 2 & 2 \\ 1/2 & 1/2 & 1 & 3 \\ 1/2 & 1/2 & 1 & 1 \end{pmatrix}$$

群体模糊判断矩阵如下:

$$\alpha_{ij} = min_k(B_{ijk}) = \begin{pmatrix} 1 & 1/2 & 1/2 & 1/2 \\ 2 & 1 & 1/3 & 1 \\ 2 & 3 & 1 & 1/23 \\ 2 & 1 & 2 & 1 \end{pmatrix}$$

$$\beta_{ij} = Geomean(B_{ijk}) = \begin{pmatrix} 1 & 27/16 & 35/16 & 41/16 \\ 16/27 & 1 & 49/24 & 17/8 \\ 16/35 & 24/49 & 1 & 2 \\ 16/41 & 8/17 & 1/2 & 1 \end{pmatrix}$$

$$\gamma_{ij} = max_k(B_{ijk}) = \begin{pmatrix} 1 & 4 & 4 & 5 \\ 1/4 & 1 & 5 & 3 \\ 1/4 & 1/5 & 1 & 4 \\ 1/5 & 1/3 & 1/4 & 1 \end{pmatrix}$$

运用 matlab 软件求取上面三个矩阵的最大特征根 λ_{max} 和对应的特征向量。

对于最小值判断矩阵：

$\lambda_{max} = 4.321$，对应的特征向量为 $(0.248, 0.402, 0.609, 0.637)^T$，归一化处理结果为 $(0.131, 0.212, 0.321, 0.336)^T$，即资源价值各项指标的权重。计算结果见表 6-6 所示。

表 6-6　资源价值各项指标最小判别矩阵和权重

指标项	资源重要性	资源典型性	资源科学性	资源观赏性	权重
资源重要性	1	1/2	1/2	1/2	0.131
资源典型性	2	1	1/3	1	0.212
资源科学性	2	3	1	1/2	0.321
资源观赏性	2	1	2	1	0.336

对于平均值判断矩阵：

$\lambda_{max} = 4.0649$，对应的特征向量为 $(0.7354, 0.534, 0.3465, 0.2322)^T$，归一化处理结果为 $(0.398, 0.289, 0.187, 0.126)^T$，即资源价值各项指标的权重。计算结果见表 6-7 所示。

表 6-7　资源价值各项指标平均判别矩阵和权重

指标项	资源重要性	资源典型性	资源科学性	资源观赏性	权重
资源重要性	1	27/16	35/16	41/16	0.398
资源典型性	16/27	1	49/24	17/8	0.289
资源科学性	16/35	24/49	1	2	0.187
资源观赏性	16/41	8/17	1/2	1	0.126

对于最大值判断矩阵：

$\lambda_{max} = 4.547$，对应的特征向量为 $(0.870, 0.437, 0.204, 0.105)^T$，归一化处理结果为 $(0.539, 0.270, 0.126, 0.065)^T$，即资源价值各项指标的权重。计算结果见表 6-8 所示。

第六章 中国国家公园准入评价指标的权重确定

表6-8 资源价值各项指标最大判别矩阵和权重

指标项	资源重要性	资源典型性	资源科学性	资源观赏性	权重
资源重要性	1	4	4	5	0.539
资源典型性	1/4	1	5	3	0.27
资源科学性	1/4	1/5	1	4	0.126
资源观赏性	1/5	1/3	1/4	1	0.065

3. 生态建设二级项目权重确定

通过对8位专家的问卷回答情况进行整理,得到8个构造判断矩阵如下:

$$\begin{pmatrix} 1 & 1 & 1 & 1 & 1 \\ 1 & 1 & 1 & 1 & 1 \\ 1 & 1 & 1 & 1 & 1 \\ 1 & 1 & 1 & 1 & 1 \\ 1 & 1 & 1 & 1 & 1 \end{pmatrix} \begin{pmatrix} 1 & 2 & 1 & 1 & 3 \\ 1/2 & 1 & 1 & 1 & 2 \\ 1 & 1 & 1 & 1 & 2 \\ 1 & 1 & 1 & 1 & 2 \\ 1/3 & 1/2 & 1/2 & 1/2 & 1 \end{pmatrix} \begin{pmatrix} 1 & 1 & 1/2 & 1/2 & 1/2 \\ 1 & 1 & 1 & 1 & 1/2 \\ 2 & 1 & 1 & 1 & 1/2 \\ 2 & 1 & 1 & 1 & 1/2 \\ 2 & 2 & 2 & 2 & 1 \end{pmatrix}$$

$$\begin{pmatrix} 1 & 2 & 2 & 2 & 2 \\ 1/2 & 1 & 1 & 1 & 1 \\ 1/2 & 1 & 1 & 1 & 1 \\ 1/2 & 1 & 1 & 1 & 1 \\ 1/2 & 1 & 1 & 1 & 1 \end{pmatrix} \begin{pmatrix} 1 & 3 & 2 & 2 & 3 \\ 1/3 & 1 & 2 & 1 & 3 \\ 1/2 & 1/2 & 1 & 1 & 4 \\ 1/2 & 1 & 1 & 1 & 5 \\ 1/3 & 1/3 & 1/4 & 1/5 & 1 \end{pmatrix} \begin{pmatrix} 1 & 1 & 3 & 3 & 3 \\ 1 & 1 & 3 & 1 & 2 \\ 1/3 & 1/3 & 1 & 2 & 2 \\ 1/3 & 1/2 & 1/2 & 1 & 2 \\ 1/3 & 1/2 & 1/2 & 1/2 & 1 \end{pmatrix}$$

$$\begin{pmatrix} 1 & 1/2 & 1/3 & 1/3 & 4 \\ 2 & 1 & 1/2 & 1 & 4 \\ 3 & 2 & 1 & 2 & 3 \\ 3 & 1 & 1/2 & 1 & 3 \\ 1/4 & 1/4 & 1/3 & 1/3 & 1 \end{pmatrix} \begin{pmatrix} 1 & 1 & 1/2 & 1 & 2 \\ 1 & 1 & 1/2 & 1/2 & 1 \\ 2 & 2 & 1 & 1 & 2 \\ 1 & 2 & 1 & 1 & 2 \\ 1/2 & 1 & 1/2 & 1/2 & 1 \end{pmatrix}$$

群体模糊判断矩阵如下:

$$\alpha_{ij} = min_k(B_{ijk}) = \begin{pmatrix} 1 & 1/2 & 1/3 & 1/3 & 1/2 \\ 2 & 1 & 1/2 & 1/2 & 1/2 \\ 3 & 2 & 1 & 1 & 1/2 \\ 3 & 2 & 1 & 1 & 1/2 \\ 2 & 2 & 2 & 2 & 1 \end{pmatrix}$$

$$\beta_{ij} = Geomean(B_{ijk}) = \begin{pmatrix} 1 & 23/16 & 31/24 & 65/48 & 37/16 \\ 23 & 1 & 5/4 & 15/16 & 29/16 \\ 24/31 & 4/5 & 1 & 5/4 & 31/16 \\ 48/65 & 16/15 & 4/5 & 1 & 33/16 \\ 16/37 & 16/29 & 16/31 & 16/33 & 1 \end{pmatrix}$$

$$\gamma_{ij} = max_k(B_{ijk}) = \begin{pmatrix} 1 & 3 & 3 & 3 & 3 \\ 1/3 & 1 & 3 & 1 & 4 \\ 1/3 & 1/3 & 1 & 2 & 4 \\ 1/3 & 1 & 1/2 & 1 & 5 \\ 1/3 & 1/4 & 1/4 & 1/5 & 1 \end{pmatrix}$$

运用 matlab 软件求取上面三个矩阵的最大特征根 λ_{max} 和对应的特征向量。

对于最小值判断矩阵：

$\lambda_{max} = 5.165$，对应的特征向量为 $(0.189, 0.283, 0.464, 0.464, 0.673)^T$，归一化处理结果为 $(0.091, 0.137, 0.224, 0.224, 0.324)^T$，即生态建设各项指标的权重。计算结果见表6-9所示。

表6-9 生态建设各项指标最小判别矩阵和权重

指标项	保护原真性	保护全面性	保护整体性	保护多样性	规模适宜性	权重
保护原真性	1	1/2	1/3	1/3	1/2	0.091
保护全面性	2	1	1/2	1/2	1/2	0.137
保护整体性	3	2	1	1	1/2	0.224
保护多样性	3	2	1	1	1/2	0.224
规模适宜性	2	2	2	2	1	0.324

对于平均值判断矩阵：

$\lambda_{max} = 5.025$，对应的特征向量为 $(0.588, 0.450, 0.452, 0.438, 0.236)^T$，归一化处理结果为 $(0.272, 0.208, 0.209, 0.202, 0.109)^T$，即生态建设各项指标的权重。计算结果见表6-10所示。

第六章 中国国家公园准入评价指标的权重确定

表6-10 生态建设各项指标平均判别矩阵和权重

指标项	保护原真性	保护全面性	保护整体性	保护多样性	规模适宜性	权重
保护原真性	1	23/16	31/24	65/48	37/16	0.272
保护全面性	16/23	1	5/4	15/16	29/16	0.208
保护整体性	24/31	4/5	1	5/4	31/16	0.209
保护多样性	48/65	16/15	4/5	1	33/16	0.202
规模适宜性	16/37	16/29	2	16/33	1	0.109

对于最大值判断矩阵：

$\lambda_{\max}=5.561$，对应的特征向量为$(0.774,0.434,0.322,0.310,0.117)^T$，归一化处理结果为$(0.396,0.222,0.165,0.158,0.059)^T$，即生态建设各项指标的权重。计算结果见表6-11所示。

表6-11 生态建设各项指标最大判别矩阵和权重

指标项	保护原真性	保护全面性	保护整体性	保护多样性	规模适宜性	权重
保护原真性	1	3	3	3	3	0.396
保护全面性	1/3	1	3	1	4	0.222
保护整体性	1/3	1/3	1	2	4	0.165
保护多样性	1/3	1	1/2	1	5	0.158
规模适宜性	1/3	1/4	1/4	1/5	1	0.059

4. 整合规划二级项目权重确定

通过对8位专家的问卷回答情况进行整理，得到8个构造判断矩阵如下：

$$\begin{pmatrix} 1 & 3 & 5 & 5 \\ 1/3 & 1 & 3 & 1/3 \\ 1/5 & 1/3 & 1 & 1 \\ 1/5 & 3 & 1 & 1 \end{pmatrix} \begin{pmatrix} 1 & 2 & 3 & 3 \\ 1/2 & 1 & 2 & 3 \\ 1/3 & 1/2 & 1 & 2 \\ 1/3 & 1/3 & 1/2 & 1 \end{pmatrix} \begin{pmatrix} 1 & 2 & 1 & 3 \\ 1/2 & 1 & 1/2 & 1 \\ 1 & 2 & 1 & 2 \\ 1 & 1 & 1/2 & 1 \end{pmatrix}$$

$$\begin{pmatrix} 1 & 1 & 1 & 1 \\ 1 & 1 & 1 & 1 \\ 1 & 1 & 1 & 1 \\ 1 & 1 & 1 & 1 \end{pmatrix} \begin{pmatrix} 1 & 1 & 2 & 1/3 \\ 1 & 1 & 1 & 3 \\ 1/2 & 1 & 1 & 3 \\ 3 & 1 & 1 & 1 \end{pmatrix} \begin{pmatrix} 1 & 1/2 & 2 & 2 \\ 2 & 1 & 2 & 2 \\ 1/2 & 1/2 & 1 & 1 \\ 1/2 & 1/2 & 1 & 1 \end{pmatrix}$$

$$\begin{pmatrix} 1 & 3 & 4 & 4 \\ 1/3 & 1 & 3 & 4 \\ 1/4 & 1/3 & 1 & 2 \\ 1/4 & 1/4 & 1/2 & 1 \end{pmatrix} \begin{pmatrix} 1 & 2 & 3 & 1 \\ 1/2 & 1 & 2 & 1/3 \\ 1/3 & 1/2 & 1 & 1/3 \\ 1 & 3 & 3 & 1 \end{pmatrix}$$

群体模糊判断矩阵如下：

$$\alpha_{ij} = min_k (B_{ijk}) = \begin{pmatrix} 1 & 1/2 & 1 & 1/3 \\ 2 & 1 & 1/2 & 1/3 \\ 1 & 2 & 1 & 1/3 \\ 3 & 3 & 3 & 1 \end{pmatrix}$$

$$\beta_{ij} = Geomean(B_{ijk}) = \begin{pmatrix} 1 & 29/16 & 21/8 & 13/6 \\ 16/29 & 1 & 29/16 & 19/12 \\ 8/21 & 16/29 & 1 & 31/24 \\ 6/13 & 12/19 & 24/31 & 1 \end{pmatrix}$$

$$\gamma_{ij} = max_k (B_{ijk}) = \begin{pmatrix} 1 & 3 & 5 & 5 \\ 1/3 & 1 & 3 & 4 \\ 1/5 & 1/3 & 1 & 2 \\ 1/5 & 1/4 & 1/2 & 1 \end{pmatrix}$$

运用 matlab 软件求取上面三个矩阵的最大特征根 λ_{max} 和对应的特征向量。

对于最小值判断矩阵：

$\lambda_{max} = 4.186$，对应的特征向量为 $(0.248, 0.300, 0.355, 0.850)^T$，归一化处理结果为 $(0.141, 0.171, 0.203, 0.485)^T$，即整合规划各项指标的权重。计算结果见表 6-12 所示。

表 6-12 整合规划各项指标最小判别矩阵和权重

指标项	功能分区	生态补偿	访客管理	基础设施建设	权重
功能分区	1	1/2	1	1/3	0.141
生态补偿	2	1	1/2	1/3	0.171
访客管理	1	2	1	1/3	0.203
基础设施建设	3	3	3	1	0.485

对于平均值判断矩阵：

$\lambda_{max} = 4.030$，对应的特征向量为$(0.766, 0.479, 0.310, 0.296)^T$，归一化处理结果为$(0.414, 0.259, 0.167, 0.160)^T$，即整合规划各项指标的权重。计算结果见表6-13所示。

表6-13 整合规划各项指标平均判别矩阵和权重

指标项	功能分区	生态补偿	访客管理	基础设施建设	权重
功能分区	1	29/16	21/8	13/6	0.414
生态补偿	16/29	1	29/16	19/12	0.259
访客管理	8/21	16/29	1	31/24	0.167
基础设施建设	6/13	12/19	24/31	1	0.160

对于最大值判断矩阵：$\lambda_{max} = 4.111$，特征向量为$(0.882, 0.419, 0.178, 0.119)^T$，归一化处理结果为$(0.552, 0.262, 0.111, 0.075)^T$，即整合规划各项指标的权重。计算结果见表6-14所示。

表6-14 整合规划各项指标最大判别矩阵和权重

指标项	功能分区	生态补偿	访客管理	基础设施建设	权重
功能分区	1	3	5	5	0.552
生态补偿	1/3	1	3	4	0.262
访客管理	1/5	1/3	1	2	0.111
基础设施建设	1/5	1/4	1/2	1	0.075

5. 制度保障二级项目权重确定

通过对8位专家的问卷回答情况进行整理，得到8个构造判断矩阵如下：

$$\begin{pmatrix} 1 & 1/5 & 1/5 \\ 5 & 1 & 1 \\ 5 & 1 & 1 \end{pmatrix} \begin{pmatrix} 1 & 3 & 3 \\ 1/3 & 1 & 2 \\ 1/3 & 1/2 & 1 \end{pmatrix} \begin{pmatrix} 1 & 2 & 2 \\ 1/2 & 1 & 1/2 \\ 1/2 & 2 & 1 \end{pmatrix} \begin{pmatrix} 1 & 1/2 & 1/2 \\ 2 & 1 & 1 \\ 2 & 1 & 1 \end{pmatrix}$$

$$\begin{pmatrix} 1 & 1/2 & 1/3 \\ 2 & 1 & 3 \\ 3 & 1/3 & 1 \end{pmatrix} \begin{pmatrix} 1 & 1 & 1 \\ 1 & 1 & 1 \\ 1 & 1 & 1 \end{pmatrix} \begin{pmatrix} 1 & 1/4 & 3 \\ 4 & 1 & 3 \\ 1/3 & 1/3 & 1 \end{pmatrix} \begin{pmatrix} 1 & 1/2 & 1/2 \\ 2 & 1 & 1 \\ 2 & 1 & 1 \end{pmatrix}$$

群体模糊判断矩阵如下：

$$\alpha_{ij} = min_k(B_{ijk}) = \begin{pmatrix} 1 & 1/5 & 1/5 \\ 5 & 1 & 1/2 \\ 5 & 2 & 1 \end{pmatrix}$$

$$\beta_{ij} = Geomean(B_{ijk}) = \begin{pmatrix} 1 & 159/160 & 79/60 \\ 160/159 & 1 & 25/16 \\ 60/79 & 16/25 & 1 \end{pmatrix}$$

$$\gamma_{ij} = max_k(B_{ijk}) = \begin{pmatrix} 1 & 3 & 3 \\ 1/3 & 1 & 3 \\ 1/3 & 1/3 & 1 \end{pmatrix}$$

运用 matlab 软件求取上面三个矩阵的最大特征根 λ_{max} 和对应的特征向量。

对于最小值判断矩阵：$\lambda_{max} = 3.054$，对应的特征向量为 $(0.133, 0.528, 0.839)^T$，归一化处理结果为 $(0.089, 0.352, 0.559)^T$，即制度保障各项指标的权重。计算结果见表 6-15 所示。

表 6-15　制度保障各项指标最小判别矩阵和权重

指标项	公园权属	管理制度	监督制度	权重
公园权属	1	1/5	1/5	0.089
管理制度	5	1	1/2	0.352
监督制度	5	2	1	0.559

对于平均值判断矩阵：$\lambda_{max} = 3.003$，对应的特征向量为 $(0.615, 0.654, 0.442)^T$，归一化处理结果为 $(0.36, 0.382, 0.258)^T$，即制度保障各项指标的权重。计算结果见表 6-16 所示。

表 6-16　制度保障各项指标平均判别矩阵和权重

指标项	公园权属	管理制度	监督制度	权重
公园权属	1	159/160	79/60	0.360
管理制度	160/159	1	25/16	0.382
监督制度	60/79	16/25	1	0.258

对于最大值判断矩阵:$\lambda_{max}=3.1356$,对应的特征向量为$(0.8823,0.4242,0.2039)^T$,归一化处理结果为$(0.584,0.281,0.135)^T$,即制度保障各项指标的权重。计算结果见表6-17所示。

表6-17 制度保障各项指标最大判别矩阵和权重

指标项	公园权属	管理制度	监督制度	权重
公园权属	1	3	3	0.584
管理制度	1/3	1	3	0.281
监督制度	1/3	1/3	1	0.135

运用截集概念进行权重的反模糊化分析,令$\alpha \in [0,1]$表示截值参数,根据专家的评定过程与结果,以及对专家询问对问卷作答的把握程度,假定决策环境参数$\alpha=0.3$,决策乐观系数:$\lambda=0.8$,根据公式6-1,6-2和6-3,可得,

(1)一级指标权重:$(0.438,0.222,0.16828,0.17722)^T$

归一化处理后权重:$(0.436,0.221,0.167,0.176)^T$

(2)资源价值二级项目权重:$(0.39446,0.27366,0.16466,0.14076)^T$

归一化处理后权重:$(0.405,0.281,0.169,0.145)^T$

(3)生态建设二级项目权重:$(0.27642,0.20142,0.20054,0.19452,0.1271)^T$

归一化处理后权重:$(0.276,0.201,0.201,0.195,0.127)^T$

(4)整合规划二级项目权重:$(0.4089,0.2474,0.1586,0.1851)^T$

归一化处理后权重:$(0.409,0.247,0.159,0.185)^T$

(5)制度保障二级项目权重:$(0.37582,0.35356,0.27062)^T$

归一化处理后权重:$(0.376,0.353,0.271)^T$

各指标权重列表如6-18。

表 6-18 国家公园准入指标和权重表

目标层	综合评价层（一级指标）	因子评价层（二级项目）
国家公园准入评价体系	资源价值（0.436）	资源重要性（0.405）
		资源典型性（0.281）
		资源科学性（0.169）
		资源观赏性（0.145）
	生态建设（0.221）	保护原真性（0.276）
		保护全面性（0.201）
		保护整体性（0.201）
		生物多样性（0.195）
		规模适宜性（0.127）
	整合规划（0.167）	功能分区（0.409）
		生态补偿（0.247）
		访客管理（0.159）
		基础设施建设（0.185）
	制度保障（0.176）	公园权属（0.376）
		管理制度（0.353）
		监督制度（0.271）

第三节　中国国家公园准入评价指标权重分析

由权重结果可以发现，在一级指标层面，资源价值的权重是第一位的，达到 0.436，这说明，普通自然保护地要成为国家公园，拥有重要意义的各类自然资源、生物资源和人文资源，依然是国家公园最为重视的条件，这也与国家公园的内涵特征要求相一致，符合构建评价指标体系的凸显资源价值这一原则。其次生态建设的权重排列第二位，达到 0.221，说明作为国家公园必须要维护好公园内部的生态均衡，不能使生态环境遭到破坏；整合规划和制度保障的权重分别为 0.167 和 0.176，明显低于资源价值，略低于生态建设，说明整合规划和制度保障在国家公园的准入中，作为资源和生态建设的有益补充，可以弥补公园本身的资源和生态的不足，加强整合规划和制度建设可以在一定程度上提高准入国家公园的得分，所以也要重视。

资源价值各个项目权重中，资源的重要性和典型性分列权重第一位和第二位,权重值分别占到资源价值的 0.405 和 0.281,这也充分说明国家公园的资源必须是非常重要和具有世界和国家典型意义的,这样可以避免一些自然保护地为了追赶潮流,没有资源基础,盲目申报国家公园浪费财力物力。资源科学性和资源观赏性的权重分别为 0.169 和 0.145,这说明国家公园的资源科普价值和观赏价值同等重要,不能只重视国家公园的资源科普价值,资源观赏价值也同样不可忽视。国家公园之所以称之为"公园",还是要做到科普与观赏的统一。

生态建设各个项目权重中,保护全面性、保护整体性、生物多样性的权重分别为 0.201,0.201,0.195,分配较为均衡,说明国家公园有关这三方面的生态建设要同时进行,不能有所偏颇。保护原真性权重最高为 0.276,说明国家公园应该特别重视保持资源和环境的原真性,与现有各类保护地过度开发,破坏大自然的原始状态形成鲜明对比,要根除这种现象才能为准入国家公园起到积极作用。规模适宜性的权重为 0.127,说明在依据国家公园的实际保护资源和生态建设情况下,结合当地的自然和社会条件,以此来合理确定公园规模与范围,规模适宜性可作为一项准入评价条件,同样不可忽视。

整合规划的各个项目权重,最重要的是功能分区,权重达到 0.409,其次是生态补偿的权重为 0.207,基础设施建设为 0.185,访客管理为 0.159。这说明要成为国家公园,必须首先解决目前各类自然保护地存在地理空间重叠,功能区混乱的现象,对国家公园整体进行统一的功能分区,才能科学合理地建设国家公园。生态补偿的权重高于基础设施和访客管理的权重,说明要注重与当地居民的关系,妥善处理当地居民的生活、生产问题,从而有效处理矛盾,保证公园的建设。基础设施建设作为开发程度的衡量,权重占比不是很大,一方面与之前分析的国家公园更注重原真性保护相一致,另一方面,现有的自然保护地基础设施已经较为完善,不需要再大批量添加。访客管理作为控制人流量和规范访客行为的管理方式,可以作为提升整合规划准入条件的有益补充,处理好国家公园在保护与开发上的矛盾。

制度保障的各个项目权重中,公园权属和管理制度基本同样重要,分别为 0.376,0.353,两者高于监督制度的 0.271。作为国家公园,公园的自然资源权属、土地权属和管理权属必须首先明确,从而使国家公园真正成为具有公益性、大众性的国家自然保护地,同时在开发建设中,需要具有管理机构的唯一性,具有良好的开发管理和运营管理制度,避免以往自然保护地九龙治水的局面,使国家公园在开发与运营中更加科学合理。同时,监督制度也不能忽视,良好的政府、专业机构与社会群众监督,可以使国家公园得到良性发展,避免违规和不合理建设与开发现象的出现。

第七章 中国国家公园准入评价指标体系实证研究

由于自然保护地包含类型较多,地域分布广阔,对不同地域不同类型自然保护地均进行准入国家公园评价验证存在一定困难。因此,本研究以河南省内伏牛山自然保护地为主,云台山、王屋山和林州万宝山自然保护地为辅,对四个自然保护地准入国家公园进行评估。通过对公园管理者和员工、相关研究规划部门人员进行调查,运用模糊综合评价方法得到评估结果。通过评估结果主客观对比和不同级别自然保护地对比分析,检验准入评价指标体系的可靠性和有效性。

第一节 伏牛山自然保护地现状及问题

一、伏牛山自然保护地现状

伏牛山自然保护地是由华北古板块与扬子古板块汇聚、碰撞、缝合且隆起后形成。大地构造位置属秦岭造山带东段,经历了 25 亿年以上的地质演化历史,自然保护地内主要赋存秦岭造山带典型岩石地层剖面及构造遗迹、白垩纪恐龙蛋化石群等古生物遗迹、花岗岩地貌、岩溶地貌、潭瀑等水体景观。加之地处中国南北气候过渡带,动植物资源丰富,生态系统类型多样,在河南乃至全国生态系统中地位十分重要,但部分地区生态敏感性高。

伏牛山自然保护地区域同时与宝天曼自然保护区、洛阳白云山国家森林公园等自然保护地重叠。宝天曼自然保护区拥有茂密的森林、丰富的生物物种、复杂的群落结构,不仅是野生动植物的天然物种基因库,也是开展科学研究、生态监测、环境教育、教学实习和生态旅游的理想场所。洛阳白云山国家森林公园是我国中部地区保存最为完好的过渡带森林生态系统,也是河南省生物多样性最为丰富的地区之一,既是世界生物圈保护区,也是林业示范自然保护区,被《中国生物多样性保护行动计划》列为国际生物多样性保护的热点地区。

二、伏牛山自然保护地目前存在的问题

伏牛山自然保护地作为各种类型资源、生态的载体,具有一定世界意义或国家意义的资源和生态,具有代表性,具备进入国家公园的资源条件。但也存在以下问题。

第一,一地多牌,伏牛山自然保护地与河南南阳恐龙蛋化石群国家级自然保护区、宝天曼国家森林公园、河南宝天曼国家级自然保护区的区域范围有不同程度重叠,目前由多主管部门管理,接受不同评价标准的检验,造成重复投资,或建设空白区,有问题时相互推诿,对公园的发展管理带来诸多影响。

第二,地跨不同市、县域,管理难度大。河南伏牛山自然保护地位于河南省西峡、内乡、南召、栾川、嵩县等境内,由于涉及不同的市、县等,在进行具体管理时,操作难度大,政出多门、管理繁杂。

第三,地质遗迹资源保护水平总体较低,且发展不平衡。地质公园主导管理部门是国土部门,建设经费主要来自于中央和地方财政专项资金,但资金较为有限,导致保护地质遗迹资源总体水平较低。此外,由于保护区域涉及多个部门共同管理,伏牛山自然保护地在进行保护与开发时,需要征求不同区域政府和相关职能部门的意见,程序十分复杂,导致一些区域特别是地处行政交叉区域建设较为落后,严重限制了伏牛山自然保护地发展,对保护地质遗迹资源产生不利影响。

第四,生态保护与旅游开发矛盾重重。伏牛山生态环境优美,地质遗迹等资源丰富,旅游人数逐年增加,旅游业地位得到有效巩固,成为河南省旅游业发展的后起之秀,在为国家创汇增收,促进地区经济发展中起到了重要的作用。但是,由于其旅游开发资金主要来源于当地政府及企业和个人投资,导致自然保护地在开发中急功近利,满足了过于简单的低层次开发,布局混乱,过度开发,景观不协调,使得资源和生态环境遭到破坏。

第二节 伏牛山自然保护地准入国家公园评价

在对伏牛山自然保护地进行评价时,为了更加科学公正,从伏牛山自然保护地管理者和员工自评价角度和研究规划机构人员角度进行评价,使得获得的结果更加有说服力。

一、公园管理者及员工自评价

采用模糊综合评价法对伏牛山自然保护地准入国家公园进行分析。根

据研究构建的指标体系,国家公园的准入受到资源价值、生态建设、整合规划、制度保障四个一级指标的影响,同时这些一级指标又受到各自二级项目的影响。因此,在中国国家公园准入指标评价体系下,基于模糊数学理论,运用模糊综合评价法进行打分评价是较为科学合理的方法。

(1) 建立中国国家公园准入评价一级指标集合 U

$U = \{U_1, U_2, U_3, U_4\}$

= {资源价值,生态建设,整合规划,制度保障}

(2) 中国国家公园一级指标因素的权重分配

根据上一章对权重的确定,

$A = \{a1, a2, a3, a4\}$

= $\{0.436, 0.221, 0.167, 0.176\}$

(3) 中国国家公园准入评价等级

中国国家公园准入评价等级如表7-1所示,调查问卷见附录五。选取伏牛山自然保护地3名管理者和7名员工依据表格对伏牛山自然保护地进行打分评价。

表7-1 准入评价等级

评价得分	>95	80~95	70~79	60~69	<60
等级	优秀	良好	中等	及格	不及格

(4) 建立评价矩阵 R_i

各位管理者和员工的评价结果见附录六,将此结果进行转换,得到各个一级指标 U_i 的评价等级矩阵 R_i。

$$R_1 = \begin{pmatrix} 0.9 & 0.1 & 0 & 0 & 0 \\ 0.8 & 0.2 & 0 & 0 & 0 \\ 0.8 & 0.2 & 0 & 0 & 0 \\ 0.7 & 0.3 & 0 & 0 & 0 \end{pmatrix} \quad R_2 = \begin{pmatrix} 0.3 & 0.2 & 0.5 & 0 & 0 \\ 0.4 & 0.3 & 0.3 & 0 & 0 \\ 0.4 & 0.4 & 0.2 & 0 & 0 \\ 0.3 & 0.4 & 0.3 & 0 & 0 \\ 0.2 & 0.4 & 0.2 & 0.2 & 0 \end{pmatrix}$$

$$R_3 = \begin{pmatrix} 0.2 & 0.2 & 0.3 & 0.3 & 0 \\ 0.1 & 0.3 & 0.3 & 0.3 & 0 \\ 0.3 & 0.4 & 0.2 & 0.1 & 0 \\ 0.4 & 0.4 & 0.2 & 0 & 0 \end{pmatrix} \quad R_4 = \begin{pmatrix} 0 & 0.1 & 0.3 & 0.4 & 0.2 \\ 0.1 & 0.2 & 0.4 & 0.3 & 0 \\ 0.1 & 0.1 & 0.5 & 0.3 & 0 \end{pmatrix}$$

(5) 求二级项目评价矩阵

由公式 $B_i = C_i \times R_i$ 可得,其中 C_i 为二级项目层的权重矩阵,

$$B_1 = C_1 \times R_1 = (0.405 \quad 0.281 \quad 0.169 \quad 0.145) \times \begin{pmatrix} 0.9 & 0.1 & 0 & 0 & 0 \\ 0.8 & 0.2 & 0 & 0 & 0 \\ 0.8 & 0.2 & 0 & 0 & 0 \\ 0.7 & 0.3 & 0 & 0 & 0 \end{pmatrix}$$

计算结果可得，$B_1 = (0.826 \quad 0.174 \quad 0 \quad 0 \quad 0)$

同理可得，

$B_2 = (0.328 \quad 0.327 \quad 0.322 \quad 0.025 \quad 0)$

$B_3 = (0.228 \quad 0.294 \quad 0.266 \quad 0.213 \quad 0)$

$B_4 = (0.062 \quad 0.102 \quad 0.390 \quad 0.338 \quad 0.075)$

（6）建立总评价矩阵 B

$$B = \begin{pmatrix} 0.826 & 0.174 & 0 & 0 & 0 \\ 0.328 & 0.327 & 0.322 & 0.025 & 0 \\ 0.228 & 0.294 & 0.266 & 0.213 & 0 \\ 0.062 & 0.102 & 0.390 & 0.338 & 0.075 \end{pmatrix}$$

（7）求准入评价矩阵 C

$C = A \times B = (0.436 \quad 0.221 \quad 0.167 \quad 0.176) \times$

$$\begin{pmatrix} 0.826 & 0.174 & 0 & 0 & 0 \\ 0.328 & 0.327 & 0.322 & 0.025 & 0 \\ 0.228 & 0.294 & 0.266 & 0.213 & 0 \\ 0.062 & 0.102 & 0.390 & 0.338 & 0.075 \end{pmatrix}$$

求得结果，

$C = (0.482 \quad 0.215 \quad 0.184 \quad 0.101 \quad 0.013)$

（8）对准入评价矩阵 C 进行归一化处理

$C_1 = (0.484 \quad 0.216 \quad 0.185 \quad 0.102 \quad 0.013)$

（9）求系统总得分

准入评价矩阵 C_1 代表按照五个等级对伏牛山自然保护地进行国家公园准入评价的结果分布情况。按表 7-2 对各种等级以百分制打分，可求得系统的总得分 f。根据现有自然地评价标准惯例，90 分以上可具有直接入选资格，60 分以下不具备入选资格，因此规定达到优秀级别的自然保护地具有入选中国国家公园资格，但仍需对不足方面进行改善后纳入；良好和中等级别的自然保护地经过整改后可具备入选中国国家公园资格；及格级别的自然保护地经过重大整改，进入待定状态，下次重新评价决定；不及格的自然保护地直接被淘汰，不具备入选中国国家公园资格。

表 7-2　准入评价分值

分值	90	80	70	60	50
评价结果	优秀	良好	中等	及格	不及格

$f = C_1 \times S_1 + C_2 \times S_2 + C_3 \times S_3 + C_4 \times S_4 + C_5 \times S_5 = 0.484 \times 90 + 0.216 \times 80 + 0.185 \times 70 + 0.102 \times 60 + 0.013 \times 50 = 43.56 + 17.28 + 12.95 + 6.12 + 0.65 = 80.56$

可见,伏牛山自然保护地管理者和员工按照本研究的国家公园准入指标对伏牛山的打分总分为 80.56,属于良好级别,经过整改后可具备入选中国国家公园的资格。

二、研究规划机构的评价

与上一小节相同,用模糊数学理论构建中国国家公园准入评价指标模型。

(1)建立中国国家公园准入评价二级指标集合 U

$U = \{U_1, U_2, U_3, U_4,\}$

　 = {资源价值,生态建设,整合规划,制度保障}

(2)中国国家公园二级指标因素的权重分配,根据上一章对权重的确定,

$A = \{a1, a2, a3, a4\}$

　 = {0.436, 0.221, 0.167, 0.126}

(3)中国国家公园准入评价等级

中国国家公园准入评价等级如表 7-1 所示,选取相关研究规划机构 4 名高级职称技术人员和 6 名中级及以下职称技术人员,依据表格对伏牛山自然保护地进行打分评价,调查问卷见附录五。

(4)建立评价矩阵 R_i

相关研究规划机构各位技术人员的评价结果见附录七,将其进行转换,得到各个一级指标 U_i 的评价矩阵 R_i。

$$R_1 = \begin{pmatrix} 0.8 & 0.2 & 0 & 0 & 0 \\ 0.8 & 0.2 & 0 & 0 & 0 \\ 0.7 & 0.2 & 0.1 & 0 & 0 \\ 0.8 & 0.2 & 0 & 0 & 0 \end{pmatrix} \quad R_2 = \begin{pmatrix} 0.2 & 0.3 & 0.5 & 0 & 0 \\ 0.3 & 0.3 & 0.3 & 0.1 & 0 \\ 0.2 & 0.4 & 0.4 & 0 & 0 \\ 0.2 & 0.4 & 0.3 & 0.1 & 0 \\ 0.1 & 0.3 & 0.2 & 0.4 & 0 \end{pmatrix}$$

$$R_3 = \begin{pmatrix} 0.2 & 0.3 & 0.2 & 0.3 & 0 \\ 0 & 0.3 & 0.4 & 0.3 & 0 \\ 0.1 & 0.4 & 0.2 & 0.3 & 0 \\ 0.2 & 0.4 & 0.2 & 0.2 & 0 \end{pmatrix} \quad R_4 = \begin{pmatrix} 0 & 0.2 & 0.3 & 0.3 & 0.2 \\ 0 & 0.2 & 0.2 & 0.3 & 0.3 \\ 0 & 0.2 & 0.3 & 0.4 & 0.1 \end{pmatrix}$$

(5) 求二级项目评价矩阵

由公式 $B_i = C_i \times R_i$ 可得,其中 C_i 为二级项目层的权重矩阵,

$B_1 = C_1 \times R_1 = (0.405 \quad 0.281 \quad 0.169 \quad 0.145) \times$

$$\begin{pmatrix} 0.8 & 0.2 & 0 & 0 & 0 \\ 0.8 & 0.2 & 0 & 0 & 0 \\ 0.7 & 0.2 & 0.1 & 0 & 0 \\ 0.8 & 0.2 & 0 & 0 & 0 \end{pmatrix}$$

计算结果可得,$B_1 = (0.783 \quad 0.2 \quad 0.017 \quad 0 \quad 0)$

同理可得,

$B_2 = (0.209 \quad 0.345 \quad 0.366 \quad 0.098 \quad 0)$

$B_3 = (0.135 \quad 0.334 \quad 0.249 \quad 0.281 \quad 0)$

$B_4 = (0 \quad 0.2 \quad 0.265 \quad 0.327 \quad 0.208)$

(6) 建立总评价矩阵 B

$$B = \begin{pmatrix} 0.783 & 0.2 & 0.017 & 0 & 0 \\ 0.209 & 0.345 & 0.366 & 0.098 & 0 \\ 0.135 & 0.334 & 0.249 & 0.281 & 0 \\ 0 & 0.2 & 0.265 & 0.327 & 0.208 \end{pmatrix}$$

(7) 求准入评价矩阵 C

$C = A \times B = (0.436 \quad 0.221 \quad 0.167 \quad 0.176) \times$

$$\begin{pmatrix} 0.783 & 0.2 & 0.017 & 0 & 0 \\ 0.209 & 0.345 & 0.366 & 0.098 & 0 \\ 0.135 & 0.334 & 0.249 & 0.281 & 0 \\ 0 & 0.2 & 0.265 & 0.327 & 0.208 \end{pmatrix}$$

求得结果,

$C = (0.41 \quad 0.254 \quad 0.177 \quad 0.126 \quad 0.037)$

(8) 对准入评价矩阵 C 进行归一化处理

$C_1 = (0.408 \quad 0.253 \quad 0.176 \quad 0.126 \quad 0.037)$

(9) 求系统总得分

准入评价矩阵 C_1 代表当中国国家公园准入评价按照五个等级评价时的结果分布情况。按表 7-2 对应等级以百分制打分,可求得系统的总得分 f。

$f = C_1 \times S_1 + C_2 \times S_2 + C_3 \times S_3 + C_4 \times S_4 + C_5 \times S_5 = 0.408 \times 90 + 0.253 \times$

80 + 0.176 × 70 + 0.126 × 60 + 0.037 × 50 = 36.72 + 20.24 + 12.32 + 7.56 + 1.85 = 78.69

可见,研究规划机构根据本研究的准入评级表,对伏牛山入选国家公园的总打分为78.69,属于中等级别,经过整改后可具备入选中国国家公园的资格。

第三节 伏牛山自然保护地准入国家公园评价结果分析

从管理者及员工、研究规划机构两方面对伏牛山自然保护地准入国家公园的模糊综合评价打分上可看出,总体上,由于主观情感因素的存在,管理者及员工的打分要略高于研究规划机构人员。通过评价过程和结果可以发现伏牛山自然保护地拥有重要的自然资源,生态环境维护较为良好,有成为国家公园的可能。同时也要看到,在整合规划和制度保障方面,伏牛山自然保护地还存在较大差距,还需要进一步完善,才能真正达到中国国家公园的要求。下面依据中国国家公园准入评价标准,对其进行逐一分析。

一、伏牛山自然保护地资源价值现状

从伏牛山自然保护地管理者和员工以及研究规划机构人员对伏牛山自然保护地的模糊综合评价打分可看出,资源价值的得分集中在优秀和良好之间,且优秀和良好的比例可达到4∶1,远远高于其他项目层,事实上,伏牛山的资源价值的确很高,具体阐述如下。

1. 重要性

秦岭造山带地处中国北亚热带和暖温带气候过渡带,是长江、黄河、淮河三大水系的分水岭。无论是在地质地理方面,还是生物气候方面,秦岭造山带都是中国南北的天然分界线,对研究中国大陆形成和演化进程具有重要地位。伏牛山位属秦岭造山带重要部位,兼跨秦岭造山带3个二级构造单元,经历了25亿年以上的漫长地质演化历史,不同阶段的造山运动和地质构造演化,形成的一些典型岩石地层剖面和构造形迹在公园内及其周边均有出露,赋存着丰富、系统、连续、完整的大陆动力学研究信息,是研究板块形成、发展、演化及造山过程的重要遗迹证据,在秦岭造山带及其与其他造山带的对比研究中,具有国际或国内地学意义。

2. 典型性

在秦岭造山带后造山期伸展阶段形成的西峡盆地、夏馆盆地白垩纪红

层中赋存了丰富的恐龙蛋、恐龙、古无脊椎动物、古植物等古生物化石,其中的恐龙蛋化石以分布范围广、种类及数量多、原始保存状态良好等堪称世界之最,其中西峡巨型长形蛋、戈壁棱柱形蛋等世界稀有类型恐龙蛋化石是世界上罕见的古生物奇观。加上近年来新发现命名的恐龙化石,使得这里成为全球白垩纪恐龙动物群的重要组成部分,具有高度的典型性、稀有性,在白垩纪恐龙进化、绝灭等古生物学研究和地球灾变事件等全球性地学问题研究方面具有国际对比意义。

3. 科学性

公园内赋存地质遗迹类型多样,而且具有丰富的地球科学文化内涵,尤其是秦岭造山带典型地层剖面、构造遗迹及地貌景观和白垩纪恐龙蛋化石群等,具有较高的科学价值,是研究秦岭造山带乃至中国大陆形成演化和恐龙灭绝事件的理想场所。伏牛山地区广泛出露的不同期次、不同成因类型的花岗岩体及其经长期构造剥蚀及风化作用形成的各类花岗岩地貌景观、构造岩溶洞穴及其洞内形成各类钟乳石、构造岩画景观以及伏牛山的流水侵蚀地貌、潭瀑等水体景观,均反映了这些不同类型地貌景观的大陆造山带背景,对于开展花岗岩地貌、岩溶地貌等地貌景观成因及其与区域地质构造演化过程的关系等研究具有较高的科学价值。

4. 观赏性

漫长地质演化和多期次的构造运动,在伏牛山地区特别是公园内形成了独特的山水地貌景观,诸如以鸡角尖、老界岭、老君山、白云山、宝天曼等为代表的花岗岩峰丛、峰林,巍然屹立于伏牛山脉主脊线上,可谓山峰雄奇险峻、岩石怪异奇秀,断崖耸立、壁立千仞;以鸡冠洞、天心洞、云华蝙蝠洞等为代表的岩溶地貌景观,洞内各种钟乳石形态各异、拟人拟仙,构造纹理在洞壁呈现的构造岩画,美轮美奂、精彩纷呈;以龙潭沟、七星潭、秋林河谷、重渡沟、九龙瀑布等为代表的流水侵蚀地貌及水体景观,飞瀑碧潭与青山绿树相辉映;加上区内植被覆盖率高,拥有优美的自然生态环境和丰富多样的生物群落,更是公园优美自然景观的重要组成部分,可谓兼北国风光之浑厚粗犷、挟江南山水之清秀玲珑,构成了中国中部南北气候过渡带地区特有的自然景观,具有极高的观赏价值。

结合打分表和客观情况的阐述可知,伏牛山作为秦岭造山带的重要部位和中国南北的地质、地理、生物、气候的天然分界线,造就了其自然资源具有国际或国内的重要性和典型性,具有较高的科学性和观赏性。其资源价值在国家公园的准入条件上具有绝对优势。

二、伏牛山自然保护地生态建设现状

由得分表可知,伏牛山管理者和员工对伏牛山的生态建设的打分仅有2

人对公园的规模适宜性的打分为及格,其他项目保护全面性、保护整体性、保护原真性和生物多样性的得分集中在中等与良好、优秀之间。研究规划机构的打分中,也有4人对其规模适宜性仅给出了及格的等级,其他也多集中在中等与良好、优秀之间。结合伏牛山的现有的具体情况,阐述如下。

1. 保护原真性

景区入口处均进行了一部分开发,有人工开发的痕迹,开发建设所采用的材料、材质、样式、色彩等基本与公园整体保持了一致,公园内部除了部分路段的修建可能破坏了原有的植被,其余绝大部分均能够保持原始状态。对地质遗迹资源的保护遵循"在保护中开发,在开发中保护"的原则。对出露性地质遗迹景观点采取"维持露头"的保护措施,对完整性地质遗迹景观点采取"保护资源"的保护措施。确保地质遗迹得到有效保护。坚持科学保护的原则,实施科学保护工程,实现景观与环境的协调,维护景观的自然美。如原地、准原地及异地三种埋藏类型的恐龙蛋化石均保存着良好的原始自然状态。但由于旅游资源的过度开发利用和游客的大量进入,造成了一定的生态破坏,尤其在节假日期间,部分景区超出承载能力接待游客,带来的生活垃圾、高碳效应等对水体和环境造成了一定程度的污染。

2. 保护全面性

伏牛山对重要地质遗迹进行了保护,同时对公园范围内的林地、草地、矿产、水域、动植物等资源均做了相应的保护。地质遗迹保护方面,对公园内重要的地质遗迹分区分级进行保护,保护内容包括有重大观赏和重大科学研究价值的地质地貌景观;具有典型意义的地质剖面、特色沉积构造、地质构造形迹,生物化石及其产地,有一定观赏价值的岩矿石及其产地等。人文景观保护方面,建立了景观保护标识系统。沿公园外围边界设立永久性界桩标志,对重点保护的景观应分别在景观所在地及景区入口处或路口制作宣传性工艺标牌、引导牌等,对典型人文景观应制作说明牌。其他资源的保护是依据《中华人民共和国环境保护法》《中华人民共和国森林法》《中华人民共和国文物保护法》《中华人民共和国矿产资源保护法》《中华人民共和国自然保护区条例》等法律法规进行有效保护和合理开发,依法保护生态环境、动植物,并将这些自然资源纳入伏牛山自然保护地资源名录进行统一保护和管理。同时,对公园的各类资源建立了巡查检测系统,设立监测中心、保护站、监视塔、瞭望塔及巡夜等设施,设立了监测信息传递系统。同时加大保护宣传,对工作人员进行培训,建立起员工良好的基本素质和保护资源与环境的理念,对游客进行保护资源与环境的宣传,努力提高人们保护资源和环境的自觉意识。

3. 保护整体性

伏牛山自然保护地(主要是世界地质公园区域)原有规划面积为1522.

01平方千米,地理坐标范围为:纬度是33°09′44.02″~34°02′30.82″,经度是110°59′47.11″~112°01′56.63″。但由于伏牛山自然保护地在大地构造位置上兼跨秦岭造山带3个二级构造单元,地质遗迹资源空间分布范围广且较为离散,导致现有总体布局由多个离散园区构成,未能形成一个单一、统一的地理区域。为了有效推进伏牛山自然保护地建设管理和可持续发展,对原有边界范围进行科学调整,使其成为一个完整统一的公园。2018年7月,对公园范围进行了调整。调整后公园占地面积为5 858.52平方千米。

一是主要是增加了公园原范围之外的具有国际或国内对比意义的珍贵地质遗产分布区并与公园主园区相连,诸如西峡盆地白垩纪恐龙蛋化石群、内乡夏馆盆地白垩纪恐龙蛋化石群、栾川潭头盆地晚白垩世栾川动物群、栾川重渡沟岩溶泉及瀑水钙华景观群等。

二是将具有国际或国内对比意义珍贵地质遗迹的离散园区与主园区相连,诸如目前世界唯一的恐龙蛋化石原址展馆所在的西峡恐龙遗迹园、赋存洋淇沟晋宁期超基性岩体(古秦岭洋残片遗迹)的西坪科考区和赋存马山口商丹断裂带构造遗迹的马山口科考区等。

三是调整后,自公园北部的马超营断裂带至南部的商丹断裂带形成一条较完整的北秦岭造山带地质科考线,有效提高了秦岭造山带构造单元和典型地质遗迹的完整性,进一步丰富了公园的地质科学内涵。

可见,调整后的面积涵盖了具有国际意义的地质遗产,这将有利于利用统一保护、教育和可持续发展的理念对公园进行管理。能够更好地与自然保护地网络其他成员分享伏牛山珍贵的地质遗迹、优美的地貌景观、最新的科研成果以及丰富悠久的历史文化。

4. 生物多样性

伏牛山处于我国南北气候、生物群落的过渡带,属于亚热带向暖温带过渡的大陆性季风气候,具有"物种南北交汇、东西兼容"的特征,是一个蕴藏着大量物种资源的"基因库"和物种遗传的"繁育场",有中原"动植物王国"和"物种基因库"的美誉。这里山高林密,植被覆盖率95%以上,动植物种类繁多。在伏牛山腹地的自然保护地保存有箭竹、日本落叶松、西伯利亚红等高寒地区树种和湿冷、温凉、半干旱—半湿润景观生态系统。据初步调查统计共有植物种类156科1054属2911种(包括变种),占中国植物种类总数的10%、河南省植物种类总数的80%;国家一级保护植物有银杏、红豆杉、南方红豆杉、水杉等4种,国家二级保护植物水青树、秦岭冷杉、黄檗、水曲柳等13种。伏牛山茫茫林海中栖息着各类动物370余种,国家一级保护动物有林麝、金钱豹、梅花鹿、蟒、金雕、黑鹳等9种;国家二级保护动物有水獭、河麂、穿山甲、大鲵、红腹锦鸡、鸳鸯、中华虎凤蝶等42种。

5. 规模适宜性

现有的伏牛山自然保护地范围是一个单一、统一的地理区域,且边界明确,主要依河流、沟谷、水岸等各类地质界线及道路、行政区边界和土地权属等界线而圈定。地跨西峡、内乡、嵩县、栾川、南召等县,公园占地面积为5 858.52平方千米,属于特大型自然保护地。虽然现有公园规模保证了保护的完整性、全面性等,但由于自然保护地对公园范围未做居民范围区的限制,目前的自然保护地内包含了大量的县域、村庄、居民点,因此规模上不适宜做国家公园。

可见,伏牛山在保护全面性、完整性和生物多样性方面做得比较好,客观情况与专家打分的分布情况一致。如果要申报国家公园,需要在保护原真性和规模方面进行整改。

三、伏牛山自然保护地整合规划现状

从得分表可看出,此项的整体得分偏低,优秀率较资源价值和生态建设低,集中在及格、中等和良好之间。这四项中,基础设施建设明显好于其他三项,生态补偿相对较差。

1. 功能分区

伏牛山自然保护地位于河南省南阳市和洛阳市境内,横跨内乡、西峡、栾川、嵩县、南召五个县级行政区,公园内地质遗迹资源的自然组合分布相对集中。总体布局为"5大园区、20个景区、5个地质遗迹科考区"整体旅游框架,以起到统揽全局、辐射各方的作用。

在功能区划分中所遵循的原则是:有利于突出公园的重点和特色,有利于充分发挥公园整体功能,有利于各功能分区的协调配套,有利于地质遗迹有效保护和综合利用。根据《世界地质公园工作指南》,将伏牛山世界地质公园的功能分区规划为木札岭—百尺潭花岗岩、流水地貌山体休闲区;造山带构造岩石剖面科考区,老界岭—鸡冠洞花岗岩、喀斯特地貌游览区;恐龙蛋遗迹探秘体验区;宝天曼自然生态区五大功能区。

作为地质公园,首要任务是保护地质遗迹资源,公园范围内要设置地质遗迹保护区,并根据地质遗迹资源的重要性和再生性,划分为四个等级。不同分级采取不同的保护要求。伏牛山划现有特级地质遗迹保护点3处,特级地质遗迹保护区1处,一级地质遗迹保护区8处,二级地质遗迹保护区9处,三级地质遗迹保护区6处。

虽然在各个园区或景区内进行了各个功能区的划分,但由于保护区与景观区区分并不十分严格,甚至存在交叉现象,具有一定的重叠。因此,伏牛山自然保护地应该在公园内建立"核心保护区",严禁进入游览,同时建立

科研试验区,开展科学试验,促进生态环境不断优化。

2. 生态补偿

对公园内妨碍生态环境的设施、营业商店、居民进行迁址,对其进行资金补偿,或另谋其他合适地方,进行统一规划。如白云山游客服务中心附近原有加油站,大大影响了生态环境,同时也存在安全隐患,相关政府机构应对其进行补偿,使其搬离公园。栾川园区养子沟景区为治理小商户脏乱差的环境状态,由景区投资者投资建立两层商铺等。近年来伏牛山自然保护地安置当地居民就业人数超10万人次,提高了当地居民就业率;新增工作岗位主要为从事旅游服务业为主的宾馆、饭店、导游等,新增暂时岗位主要为自然保护地基础设施建设所需临时聘用的工人等;新增企业数十家,包括旅行社、酒店、土特产品加工企业等;培育了以西峡县化山村、栾川县卡房村等为代表的一批以旅促农、带动山区群众脱贫致富的旅游专业村,有力地推动了山区新农村建设,发展地质旅游业已成为伏牛山地区扩大农民就业、增加农民收入的一个重要渠道。但是,伏牛山自然保护地内部还是存在乱搭乱建、偷伐偷猎的现象,因此,还是要处理好公园与当地居民、利益相关者的关系,从而使伏牛山自然保护地转型为国家公园后得到更好的发展。

3. 访客管理

虽然伏牛山自然保护地安装了人流量监测系统,严格控制公园客流量,保持在公园生态环境容量内,但作为南阳市和洛阳市的重要旅游景点,尤其在节假日期间游客大量进入,为了追求经济利益,部分景区超出承载能力接待游客,对生态造成了一定破坏。同时景区均安装了地质遗迹监测系统,可以实时监控游客行为,但游客破坏遗迹资源和破坏生态环境行为依然时常发生。在访客安全方面,对地质灾害进行监控,对易发生滑坡、泥石流等地方安装摄像头进行重点监控,辅以人工巡逻等方式,有危险迹象时,禁止游客入园,确保访客安全等。

4. 基础设施建设

伏牛山自然保护地外部交通状况良好,承东启西连南贯北,已经基本形成以公路为主、铁路为辅、旅游公路及乡镇公路构成的四通八达的交通网络,交通条件极为便利。各个园区和景区之间的公路均已建成并通车。目前公园各景区内部均已建成较为完备的机动车道、登山游览步道、停车场等交通设施,但存在一些新开发旅游景点缺乏旅游步道与机动车道的连接,部分道路还存在破损或缺少必要的安全防护设施。公园的供水、供电、通信设施良好,能够满足游客和居民需求。科教服务设施包括内乡伏牛山地质博物馆、西峡恐龙蛋化石博物馆、栾川地质博物馆、嵩县白云山地质博物馆、宝天曼自然博物馆等。公园内部各景区均建立有科普解说牌,对重要地质遗迹点、人文景观和自然景观均做了通俗易懂的解说。伏牛山自然保护地建立有伏牛山栾川游客服务中心，主要由游客服务中心、地质广场、地质博物馆三部分组成。总占地面积280亩，可为来栾游客提供旅游咨询、休闲购物、餐饮娱乐、科普教育等综合性服务，能基本满足服务接待的需要。

可见，伏牛山自然保护地（以伏牛山世界地质公园为例）目前的功能分区是根据《世界地质公园工作指南》的规定划分的，且划分有地质遗迹保护区，但保护区与景观区的划分存在重合交叉情况，亦存在多重管理和无人管理情况，未按照严格保护区、开发利用区、传统保留区等进行划分。同时，仅对地质遗迹保护区进行了控制和说明，未对其他区域的管控和利用进行说明。基础设施建设相对来说比较完善，生态补偿和访客管理还有进一步提升空间。

四、伏牛山世界自然保护地制度保障现状

从管理者和员工的评分表可看出，制度保障这一项目层在四个等级别中整体分最低，仅有2位工作人员分别对其的公园权属和管理制度打了优秀等级，其余均为优秀以下，且集中在中等和及格之间，良好比例较少，还有2位对权属给出了不及格的评分。从研究规划机构的评分可看出，本项3个评价指标均没有优秀，且均有不及格，与前三项的零不及格率相比，可知该项问题较严重。尤其是管理制度这一指标达到3份不及格。公园的具体情况如下。

1. 公园权属

公园内的森林、草场、水、湿地等资源权属无争议。公园内的栾川县龙峪湾林场、河南省栾川县老君山林场等都均为国有林场，森林权属无争议。水、湿地等资源归国家所有。栾川园区内矿产资源丰富，所有权归国家享有，所有权无争议，此外探矿和采矿大多为民间私人投资，国土资源部门有明确的探矿权和采矿权登记，即探矿权和采矿权也无争议。公园内的大多数土地权属归集体所有，尤其是涵盖的村庄土地较多，问题较严重，不利于管理。

目前伏牛山自然保护地（世界地质公园区域）隶属国土部和国土局管理，但是涉及其他范围重合的保护地类型由相应的机构管理，需要与林业局、旅游局、水利局等部门沟通交流，没有成立国家公园管理局的相关机构。

2. 管理制度

南阳市人民政府和洛阳市人民政府联合成立中国伏牛山自然保护地管理委员会，管委会负责统一协调，解决自然保护地保护与开发建设中的重大问题。管委会下设伏牛山自然保护地管理局，是伏牛山自然保护地直接管理机构，主要职能是具体负责伏牛山自然保护地整体的保护与开发建设工作，为了各区域平衡发展，设立了西峡、内乡、栾川和嵩县四个管理处，协助

进行地质遗迹保护、规划、科研、科普、开发等工作。此外,伏牛山自然保护地聘请相关专家构成专家组,负责对伏牛山自然保护地申报、建设、管理和发展提出建议。专家成员由地质学家、自然保护地专家和管理专家构成。

但由于存在跨行政区的管理,有时候由于利益博弈,政策执行并不到位,因此需要成立一个统一的国家公园管理机构,管理机构对全区行使决策、组织、指挥、协调、监督等管理职能,并负责各自职责范围内的各项工作。同时,伏牛山自然保护地还缺少国家公园公园开发时期和运营时期的相关管理制度,需要进行制定,帮助公园长久发展。

3. 监督制度

公园对外公布电话,开通有伏牛山自然保护地网站,各个园区也建立有各自的网站,接受来自政府层面、专业机构和社会的监督。公园建立有较为完善的志愿者服务制度,规范管理志愿者招募、教育培训、协助管理等活动,吸引社会各界人士参与伏牛山自然保护地志愿服务。鼓励社会组织和个人参与生态保护、社区共建、特许经营、授权管理、宣传教育、科学研究等领域合作。同时伏牛山坚持开放建园,建立国内外"友好公园"关系、参与国内外交流。虽然伏牛山自然保护地在实践中,监督工作特别是社会大众方面有一定成效,但目前还没有建立完善的监督制度体系,不能体现出政府、专业机构和社会大众在监督上对公园发展上的积极作用。

可见,伏牛山要想申请国家公园,资源条件具有较大优势,生态建设也比较良好,但必须要加强整合规划和制度保障方面建设。首要任务是在政府各个部门配合下,建立国家公园管理局,整合现有各类自然保护地,理顺管理职责,制定相关管理制度,改变当前"九龙治水"现象。机构建立后,要加强土地确权登记工作,对集体土地尽量采用流转形式,归到国家名下。同时对公园进行整体规划,编制总体规划报告和工作计划,合理划定功能分区,统一管理。

第四节 与其他自然保护地准入评价的对比分析

为了进一步论证本研究所构建的中国国家公园准入评价指标体系的有效性,除了对伏牛山自然保护地进行打分及分析以外,本研究选取了河南省其他几处自然保护地,运用模糊综合评价方法,对这些自然保护地进行准入评价,评价过程与伏牛山自然保护地准入评价过程一致,不再赘述。其他自然保护地准入评价得分结果如表7-3所示。

表7-3 河南省其他自然保护地准入国家公园评价情况

保护地名称	评价方式	得分	准入结果
云台山自然保护地	自评价	80.63	整改后,可具备入选国家公园资格
	外部评价	78.31	
王屋山自然保护地	自评价	76.45	整改后,可具备入选国家公园资格
	外部评价	72.49	
河南林州万宝山自然保护地	自评价	54.89	不及格,直接淘汰
	外部评价	54.66	

通过评价结果可以发现,与伏牛山同级别的云台山自然保护地,得分与伏牛山自然保护地相似;王屋山自然保护地为国家级,得分就要比伏牛山自然保护地低一些;而林州万宝山自然保护地得分处在不及格层次,说明其离建立国家公园差距较大,不建议纳入国家公园。通过以上分析,可发现自然保护地的得分高于国家级自然保护地,两者又明显高于省级自然保护地的得分,这与目前自然保护地打分级别判定相一致,这从侧面也说明本指标体系具有可靠性。

第八章 中国国家公园准入评价体系下的建议与对策

现有自然保护地要想成为国家公园,资源占首要地位,一方面资源价值应该是世界级或者国家级的,另一方面也需要通过科学研究来充分挖掘并宣传其价值;此外要从生态建设、整合规划和制度保障方面来进行改建整改:注重公园的保护原真性、多样性、整体性和生物多样性建设,合理划分公园范围,制定国家公园规划,制定合理的功能分区,加强基础设施建设和访客管理工作,明确公园权属和管理权责,制定相关的条例和管理办法,加强政府、专业机构和社会公众的监督。

第一节 挖掘资源价值

资源分布在公园的各个角落,其分布范围、种类和层次都极为复杂,不同资源的价值不同,要想成为国家公园,必须充分挖掘其资源价值。首先要进行资源的重要性和典型性研究。加大公园的科研工作,聘请地质、生态、水文、人文、考古、动植物等相关领域的专家前往公园进行实地调研和考察,对各类资源进行科学系统研究,对其类型、形成、内容、规模和赋存现状等进行考量,与国内外相同资源进行比较,评价资源在世界或全国或地域内的重要性和典型性。系统全面掌握园内的资源、环境本底情况,编制较详细的综合考察报告,收集大部分的样本材料,提高园内地质、人文、生物资源等方面的研究水平。通过发期刊论文、出专著、召开研讨会等形式,加强公园资源价值的宣传,以吸引更多的专家和学者来公园考察参观,加深资源价值研究。

同时要挖掘公园资源的科学性和观赏性。建立公园各类资源和生态环境的知识体系,加强与大中专院和中小学生的交流,挖掘资源的科学性,建立科研基地和教学实习基地等。对各类资源和地质现象能够给出科学合理的解释,且注重科普性与趣味性的结合,加强对导游员知识水平和讲解水平的培训。拓展和完善综合科普旅游线路,设计如地质科普旅游线路、生物科普旅游线路、人文科普旅游线路、天象气象科普旅游线路和综合型科普线路等。挖掘资源的观赏性,在保护生态环境的情况下,合理划分出娱乐游憩观光区域,开发旅游观光产品和旅游线路,为游客提供优美环境、清新空气、优质山泉水、打造高山氧吧等,满足不同年龄、不同类型的旅游者的休闲度假需求。

第二节 加强生态建设

国家公园的首要功能是自然生态系统的原真性、完整性保护,因此要加强公园的保护原真性、全面性、整体性保护和生物多样性建设,加强生态建设工作。做好公园的生态现状摸底调查,根据不同类型生态系统,制定科学合理的保护办法,并论证保护办法的可行性和有效性;确保公园的保护建设能够坚持原真性,将对生态环境的破坏降到最低程度,除了基本的道路、观景平台和科普设施外,其他区域要保持其原始状态,对重要或典型的资源要避免保护过度,适得其反。对必要的保护和开发,要严格控制保护和开发中使用的材料,严格施工管理,避免对生态环境造成污染,造成二次破坏。对破坏公园的原真性和整体性、破坏动植物生存环境等行为进行严厉打击,加强生态巡逻、生态监测等工作。

合理划定公园规模范围。国家公园范围的划定应该遵循相对集中连片、边界清晰、易于识别和确定。在保证资源的完整性和有效保护的前提下,边界划定可充分利用山脊线、山谷线、河流中线、陡崖边线、道路、土地权属边界等具有明显分界特征的地形、地物界线。范围划定要方便管理,避免面积过大,划入公园范围内的土地利用类型应适宜资源的保护和合理利用,避免园内设置矿业权,要注意与地方经济发展相协调,也不宜过小,破坏保护的完整性和全面性,不利于生物多样性建设。

第三节 实施整合规划

国家公园要兼具科研、教育、游憩等综合功能,要做到严格保护与合理利用的辩证统一,主要通过合理的功能分区来实现。即在空间上进行功能区划,实施差别化的管理措施,发挥各功能区的主导功能。综合考虑主要保护对象的分布、原真性要求、人为活动状况、主导功能等影响因素,可将国家公园按照保护程度不同划分为核心区、限制区、科普展示区及游憩商业区,核心区和限制区保护最为严格,严禁任何破坏生态环境和资源的现象出现,其中核心区禁止人为活动,限制区除了生态环境修复与科研考察外,限制其他活动,科普展示区和游憩商业区的保护级别较低,允许开展科研科普活动和适度旅游商业活动,但应该在公园管理部门的指导下进行。

建立长效的生态补偿机制。国家利益相关者有国家、公园管理者、公园经营者、当地居民、游客等。要妥善处理利益相关者的关系,必须做到建立长效的生态补偿机制。妥善处理试点区域当地居民生产生活的关系,保护集体所有资源优先权。采用多渠道、多形式的方式对拥有不同禀赋特征资源的原住民进行安置补偿,除了资金补偿外,可采用就业、培训、教育等政策补偿,想方设法使"输血式"安置补偿变为"造血式"安置帮扶。公园内的天然林管护、森林培育、生态公共服务等公益岗位可以优先安排当地居民就业,以此保障社区居民的生活。同时有针对性地对居民进行其他类型的职业教育和技能培训,拓宽就业渠道,增加其就业机会,完成职业转变。

加强基础设施建设和访客管理工作。加强排积水、通信、道路、科教设施等基础设施建设,对科教设施的选址、占地规模、设计风格等进行分析与讨论,保证公园的正常运行,为游客提供舒适的旅游空间。同时加强监测设施、监控设施建设,加强公园人流量控制,保证在公园、园区、景区和景点的生态容量内接待游客,做好访客管理工作。对游客和科研人员的各类行为进行实时监控和管理,严禁其踏入严格保护区内,确保其在相应的功能区内进行适宜的行为。

第四节 完善制度保障

第一,明确公园的资源和管理权属。自然资源方面,做好国家公园区域内的自然资源权属登记工作,对集体所有自然资源做好权属转换工作,将国家公园内自然资源权属收归国家所有,便于国家管理与适当利用。土地资源方面,因地制宜,分步开展土地确权和流转。根据公园所在地的具体情况来开展土地确权和流转工作,逐步解决土地问题。首先利用遥感等现代技术对各类自然要素的规模数量和空间特征调查摸底,并进行统一确权登记;其次很大程度地对公园内严格保护区实施整体保护,加快对核心保护区的集体土地和自然资源的确权和流转,可以采取购买、置换、补偿等形式将土地和自然资源合理转变为国有,解决好土地与自然资源的所有权或使用权,实现土地和自然资源的全民所有。将其所有权和使用权收归国家所有,由国家公园管理机构统一行使自然资源的管理和使用权,并明确各类资源用途。对有居民点的核心区要进行生态移民搬迁,对国家公园内的其他利用区的集体和个人的土地确权要因地制宜、分布制订方案,为下一阶段的土地流转打好基础。

第二,地方政府积极应配合公园组建国家公园管理机构,明确权责。不调整行政区划,整合优化,统一行使公园范围内国有自然资源资产所有者职责。统一规范,建立管理主体。坚持明晰权责和监管分离,将分散在各部门的自然资源资产所有权和监管权分离,建立统一行使国有自然资源资产所有权人职责的管理体制。坚持省(自治区)、市(州)、县三级层面有序对接,组建国家公园自然资源资产管理机构。坚持以最低成本实现最有效整合,机构职责整合与大部门制改革协调推进、一次到位,实现低成本、高效率的有机统一。适时开展管理效能评估,逐步完善职能职责。遵循事务全覆盖的原则,内设自然资源管理、生态保护、执法监督、规划建设、宣教培训、综合管理、财务科等职能处室,履行管理职能,职责划分明确。如自然资源管理科应有不同的专业人士组成,负责对公园内的各类资源进行调查、评价等;规划建设科负责制定公园总体规划、专项规划和管理计划等;生态保护科对公园内的生态资源进行保护,同时对公园的开发项目进行审批核实,确保利用开发的前提是严格保护;设置综合管理科,负责公园日常的上报资料、检查、宣传等,积极配合各科室工作,做好后勤保障;设置财务科,可以用来监督和管理公园的项目经费等。同时可以根据工作需要设立直属机构,创新直属机构工作机制,充分利用省内外科研和智库资源,为国家公园建设和管理提供有力支撑。

第三,引导公众参与国家公园保护与管理中来,建立多层次多渠道沟通反馈机制,帮助国家公园各项工作在全社会的参与和监督中得到提升。国家公园要完善信息披露机制,完善志愿者参与机制,建立国家公园合作伙伴机制,建立社区参与机制,对于涉及国家公园的资金往来、科研考察、生态环境信息检测等,都应该及时向社会公众公布,使公众具有知情权,并引导公众积极参与到国家公园的管理上,为国家公园的保护与建设献计献策。

此外,要加强国家公园监督管理工作,建立多层次的监督机制,一是加强政府监督,形成政府问责机制,对国家公园出现的问题政府要做到及时询问和处理;二是强化相关规划研究机构的监督,通过专业人员对国家公园进行监督与问题反馈,帮助国家公园更加科学有效的管理;三是开通国家公园网站、微信公众号、微博等账号,对国家公园保护、运营、管理、规划、科研、旅游等信息进行公布,不但为社会公众提供信息服务,同时使国家公园随时处于社会公众的监督之下,使其更加注重自身行为的合法性和合理性。设立专门的热线、信箱和网络举报渠道,对举报的各类影响国家公园资源和生态保护问题进行严肃调查和处理。

第九章 结论与展望

第一节 主要研究结果

1. 明确了中国国家公园内涵特征与准入评价指标体系设置原则

研究首先对目前中国非国家公园和国家公园两种类型的自然保护地进行分析。对中国目前的国家公园试点单位现状进行研究,总结国家公园试点建设的得与失。指出目前国家公园试点单位存在发展与保护的博弈,管理效率低下,土地权属和资源权属关系复杂,相关规划不完善,管理制度不健全等问题。在此基础上总结中国国家公园的内涵与特征。研究认为中国国家公园是由国家设立并管理,保护具有全国乃至世界意义的重要资源和自然生态系统,规模适宜分区合理,保护为主适度开发,权属清晰制度完善的特定区域。具有国家性、完整性、全民性与公益性、功能复合性四个特征。

对非国家公园即现有各种类型自然保护地的准入评价指标进行详细总结。发现非国家公园自然保护地评价指标体系中更加注重本类型资源的评价,缺少功能区划的指标,保护与开发指标不均衡,指标划分过细,缺少制度条件指标。在此基础上,结合中国国家公园的内涵特征,提出中国国家公园准入评价指标体系设置原则包含全面系统性原则、资源价值凸显性原则、权属清晰性原则、准确有效易操作性原则。

2. 构建了国家公园准入评价指标体系

通过借鉴国外代表性国家公园的设置标准和分析我国现行各类国家级自然保护地评审(评估)标准及其执行情况,运用问卷调查的方法,基于结构方程模型,对中国国家公园准入评价指标进行构建,并依据专家意见,利用模糊德尔菲法,确立评价因子的相对重要性次序,计算出每一层次各个因子的权重,得出评价指标体系。开发的中国国家公园准入评价指标体系分为两个层级:一级指标包括资源价值,生态建设,整合规划和制度保障四个维度,权重分别为 0.436,0.221,0.167 和 0.176。二级项目共 16 个,其中,资源价值主要包括资源重要性,资源典型性,资源科学性,资源观赏性,权重分别为 0.405,0.281,0.169 和 0.145;生态建设主要包括保护原真性,保护全面性,保护整体性,生物多样性,规模适宜性,权重分别为 0.276,0.201,0.201,0.195 和 0.127;整合规划主要包括功能分区,基础设施建设,生态补偿,访客管理,权重分别为 0.409,0.247.0.159 和 0.185;制度保障主要包括公园权属,管理机构,监督制度,权重分别为 0.376,0.353 和 0.271。权重的分配与国家公园倡导生态保护优先,旅游开发协同发展的理念相一致,同时资源价值也占了很大的比重,验证了国家公园的资源必须具有国家代表性,同时满足科普、游憩等功能,对资源价值要求条件较高的这一事实。

3. 通过实证检验中国国家公园准入评价指标可靠性和有效性

为验证已建立的中国国家公园准入评价指标体系是否可行;选择伏牛山自然保护地为主,云台山自然保护地、王屋山自然保护地、万宝山自然保护地为辅,运用模糊综合评价的方法,实证检验准入评价体系的可行性和有效性。伏牛山自然保护地的管理者和员工自评价得分为 80.56,相关研究规划机构对其评价得分为 78.69。河南伏牛山自然保护地资源条件优异,生态建设良好,但土地权属不清晰,管理较混乱,制度有待加强,评分基本反映了伏牛山自然保护地的真实情况。对河南省其他三个自然保护地进行准入评价打分,发现不同等级自然保护地的分数存在差异,世界级明显好于国家级、省级。实证检验了本研究开发的中国国家公园准入评价指标的可靠性和有效性。

4. 提出国家公园准入评价指标体系下的建议与对策

基于上述研究基础,为了使自然保护地在申报国家公园时进行有效整改,提出的建议包括:①充分挖掘公园的资源价值,包括资源的重要性,典型性,科学性和观赏性;②加强生态建设,要注重保护的全面性、整体性和生物多样性建设,同时要注重保护的原真性和规模适宜性;③实施整合规划,进行功能分区建设,妥善处理开发和保护的关系,建立长效的生态补偿机制,进行合理的适度的基础设施建设,严格访客管理;四是完善国家公园制度保障,明确公园的资源权属、管理权属和管理职责,建立健全政府、专业机构和社会公众参与与监督的渠道机制等。

第二节　不足与研究方向

第一,本研究开发的中国国家公园准入评价指标体系具有良好的信度与效度,可以有效地对当前自然保护地准入国家公园进行评价,为解决国家公园国家公园开发与建设问题迈出重要一步。但是,需要指出的是,目前对于中国国家公园准入评价的研究还处于起步阶段,得到的指标并不一定十分全面。随着国家公园在中国的发展,未来,可以在本研究的基础上,开发出更符合中国情境的国家公园准入评价指标体系。

第二,数据来源主要采取的是问卷调查法和专家调查法,主观性较强,容易出现同源方差和社会期许方面的问题,虽然也采取了一些调查方式和统计方法对此进行控制,努力做到客观,但还是不能完全消除这方面的影响。未来,可以采用问卷调查与实地实验相结合的方式,通过理论与实践的对比分析,更有效地揭示中国国家公园准入评价指标。

第三,由于受到时间、精力和成本的限制,在进行实证研究的时候,只是选择了河南省几个自然保护地进行了实证研究。未来,可以在此基础上,扩大范围,继续完善中国国家公园准入评价指标体系,并收集全国更多不同类型自然保护地的数据,或者是选择国家公园试点单位探讨评价指标一般性和普适性。

参考文献

[1] Barker A, Stockdale A. Out of the Wilderness? Achieving Sustainable Development Within Scottish National Parks[J]. Journal of Environmental Management,2008,88(1):181-193.

[2] Bere R M. The National Park Idea:How to Interest the African Public[J]. Oryx,1957(1):21-27.

[3] Beukering Pieter J H van, Cesar Herman S J, Janssen M A. Economic Valuation of the Leuser National Park on Sumatra,Indonesia[J]. Ecological Economics,2003,44(1):43-62.

[4] Douglas A Ryan. Recent Development of National Parks in Nicaragua[J]. Biological Conservation,1978(3):179-182.

[5] Gray Kenneth Lynn. The Public Policy Process and the National Park Service[M]. Ann Arbor,Mich. UMI,1976.

[6] Hiwasaki L. Toward sustainable management of nationalparks in Japan: Securing local community andstakeholderparticipation [J]. Environmental Management,2005,35(6):753-764.

[7] John Scanlon, Francoise Burhenne - Guilmin. International Environmental Governance:An International Regime for Protected Areas. Cambridge[M]: IUCN Publications Service Unit,2004.

[8] Kostas Papaeorgiou, Kostas Kassiomis. The National Park Policy Context in Greece:Park Users' Perspectives of Issues in Park Administration[J]. Journal for Nature Conservation,2005(4):231-246.

[9] Lawson S R, Manning R E, Valliere W A, et al. Proactivemonitoring and adaptive management of social carryingcapacity in Arches National Park:An application of computer simulation modeling[J]. Journal of Environmental Management,2003,68(3):305-313.

[10] Mackintosh Barry. The National Parks. Shaping the System U. S[J]. Department of the Interior,2000(5):31-34.

[11] Miller,Kenton R. Planning National Parks for Ecodevelopment-Methods and Cases from Latin American[J],Fems Microbiology Letters,1989.

[12] Nigel D. Guidelines for Applying Protected Area Management Categories[M]. Gland:IUCN Publications Services,2008:65-108.

[13] Papageorgiou K,Brotherton I. A Management Planning Framework Based on Ecological,Perceptual and Economic Carrying Capacity:The Case Study of Vikos-Aoos National Park, Greece [J]. Journal of Environmental Management,1999(56):271-284.

[14] Pergams O R W,Zaradic P A. Is Love of Nature in the US Becoming Love of Electronic Media16-year Downtrend in National Park Visits Explained by Watching Movies,Playing Videogames,Internet use,and Oil Prices[J]. Journal of Environmental Management,2006,80(4):387-393.

[15] Philip Dearden, Michelle Bennett, Jim Johnston. Trends in Global Protected Area Governance,1992-2002[J]. Environmental Management, 2005, 36(1):89-100.

[16] Scott D, Jones B, Konopek J. Implications of Climate and Environmental Change for Nature-based Tourism in the Canadian Rocky Mountains:A Case Study of Waterton Lakes National Park[J]. Tourism Management,2007,28(2):570-579.

[17] Suckall N, Fraser E D G, Cooper T, et al. Visitor perceptionsof rural landscapes:A case study in the Peak DistrictNational Park, England[J]. Journal of Environmental Management, 2009, 90(2):1195-1203.

[18] Trakolis D. Local People's Perceptions of Planning and Management Issues in Prespes Lakes National Park,Greece[J]. Journal of Environmental Management,2001,61(3):227-241.

[19] Wescott G C. Australia's distinctive national parks system [J]. Environmental Conservation,1991.18(4):331-340.

[20] White P C L,Lovett J C. Public Preferences and Willingness to-pay for Nature Conservation in the North York Moors National Park,UK[J]. Journal of Environmental Management,1999,55(1):1-13.

[21] 曹希强,赵鸿燕,张艺露.伏牛山世界地质公园建设现状及存在问题[J].国土资源科技管理,2015,32(6):8-14.

[22] 陈鑫峰.美国国家公园体系及其资源标准和评审程序[J].世界林业研究,2002,15(05):49-55.

[23] 陈耀华,黄丹,颜思琦.论国家公园的公益性、国家主导性和科学性[J].地理科学,2014,34(3):257-264.

[24] 程健.国家公园规划建设研究:以丽江老君山国家公园规划为例[D].重庆:重庆大学,2008.

[25] 崔丽娟,王义飞,张曼瓶,等.国家湿地公园建设规范探讨[J].林业资源管理,2009(2):17-20,27.

[26] 戴秀丽,周晗隽.我国国家公园法律管理体制的问题及改进[J].环境保护,2015,43(14):41-44.

[27] 窦亚权,李娅.我国国家公园建设现状及发展理念探析[J].世界林业研究,2018,31(1):75-80.

[28] 范媛吉.自然保护区若干法律问题研究[D].长沙:湖南大学,2006.

[29] 方法林,王娜.公益化视角下的国家公园服务质量保障[J].经济师,2015(9):26-27.

[30] 房仕钢.国内外森林公园规划建设的对比研究[J].防护林科技,2008,85(4):82-84.

[31] 高明,陈丽.新公共服务理论视阈下我国环境治理的策略选择[J].行政与法,2017(11):54-58.

[32] 葛梦琪.我国国家公园体制建设与法律问题研究[D].北京:中国社会科学院研究生院,2016.

[33] 郭伟乐.我国国家公园体系构建及发展模式的研究[D].郑州:河南农业大学,2015.

[34] 郝志刚.基于国家遗产区域理念的我国国家公园体系建设[J].旅游学刊,2015,30(5):10-11.

[35] 贺思源,郭继.主体功能区划背景下生态补偿制度的构建和完善[J].特区经济,2006(11):194-195.

[36] 何思源,苏杨.原真性、完整性、连通性、协调性概念在中国国家公园建设中的体现[J].环境保护,2019,47(Z1):28-34.

[37] 胡宏友.台湾地区的国家公园景观区划与管理[J].云南地理环境研究,2001,13(1):53-59.

[38] 胡咏君.国家公园体制与我国保护地资源规制的变革[J].南京林业大学学报(人文社会科学版),2016,16(3):126-134.

[39] 金吾伦,郭元林.运用复杂适应系统理论推进国家创新系统建设[J].湖南社会科学,2004(6):18-22.

[40] 李宏,石金莲.基于游憩机会谱(ROS)的中国国家公园经营模式研究[J].环境保护,2017,(14):45-50.

[41] 李梦雯.我国国家公园立法研究[D].哈尔滨:东北林业大学,2016.

[42] 李吉龙.基于森林管理视角的中国国家公园探索[D].北京:中国林业

科学研究院,2015.

[43] 李经龙,张小林,郑淑婧.中国国家公园的旅游发展[J].地理与地理信息科学,2007,23(2):109-112.

[44] 李娟.论我国旅游资源开发中自然生态环境的立法保护[D].山西:山西财经大学,2013.

[45] 李庆雷.基于新公共服务理论的中国国家公园管理创新研究[J].旅游研究,2012(4):80-85.

[46] 李景奇,秦小平.美国国家公园系统与中国风景名胜区比较研究[J].中国园林,1999(3):71-74.

[47] 李永忠,张可荣.自然保护区综合评价标准初探[J].甘肃林业,2010(5):23-25.

[48] 李如生.美国国家公园管理体制[M].北京:中国建筑工业出版社,2005:2.

[49] 李亚娟,钟林生,虞虎.全球国家公园资源分类和评价体系特征分析与借鉴[J].世界林业研究,2017(04):1-8.

[50] 李毅,夏红梅.青海智慧国家公园建设的技术保障体系研究[J].青藏高原论坛,2016,4(2):82-86.

[51] 廖凌云,赵智聪,杨锐.基于6个案例比较研究的中国自然保护地社区参与保护模式解析[J].中国园林,2017,33(8):30-33.

[52] 刘鸿雁.加拿大国家公园的建设与管理及其对中国的启示[J].生态学杂志,2001,20(6):50-55.

[53] 刘亮亮.中国国家公园评价体系研究[D].福州:福建师范大学,2010.

[54] 刘海龙,杨锐.对构建中国自然文化遗产地整合保护网络的思考[J].中国园林,2009(1):24-28.

[55] 刘锋,苏杨.建立中国国家公园体制的五点建议[J].中国园林,2014(8):9-11.

[56] 罗金华.中国国家公园设置及其标准研究[D].福州:福建师范大学,2013.

[57] 罗金华.中国国家公园管理模式的基本结构与关键问题[J].社会科学家,2016(2):80-85.

[58] 吕小娟.国家公园建设管理中的利益协调机制研究[D].重庆:重庆师范大学,2011.

[59] 潘祥武,张德贤,王琪.生态管理:传统项目管理应对挑战的新选择[J].福建论坛(人文社会科学版),2002(6):17-20.

[60] 彭未名,王乐夫.新公共服务理论对构建和谐社会的启示[J].中国行政

管理,2007(3):42-44.

[61] 权佳,欧阳志云,徐卫华,等.中国自然保护区管理有效性的现状评价与对策[J].应用生态学报,2009,20(7):1739-1746.

[62] 苏利阳,马永欢,黄宝荣,等.分级行使全民所有自然资源资产所有权的改革方案研究[J].环境保护,2017(17):32-37.

[63] 苏杨,王蕾.国家公园:打造生态文明美丽样板:中国国家公园体制试点的相关概念、政策背景和技术难点[J].环境保护,2015,43(14):16-23.

[64] 束晨阳.论中国的国家公园与保护地体系建设问题[J].中国园林,2016(7):19-24.

[65] 孙琨,钟林生,马向远.钱江源国家公园体制试点区扩源增效融资策略研究[J].资源科学,2017,39(1):30-39.

[66] 唐芳林,张金池,杨宇明,等.国家公园效果评价体系研究[J].生态环境学报,2010,19(12):2993-2999.

[67] 唐芳林.国家公园属性分析和建立国家公园体制的路径探究[J].林业建设,2014,(3):1-8.

[68] 唐芳林.中国国家公园建设的理论与实践研究[D].南京:南京林业大学,2010.

[69] 唐芳林,王梦君.国家公园类型划分的探讨[J].林业建设,2015(10):25-31.

[70] 唐芳林.国家公园理论与实践[J].北京:中国林业出版社,2017.

[71] 唐小平.国家公园体制辨析[J].森林与人类,2014,(5):23-25.

[72] 唐小平.中国国家公园体制及发展思路探析[J].生物多样性,2014,22(4):427-430.

[73] 唐小平,蒋亚芳,赵智聪,等.我国国家公园设立标准研究[J].林业资源管理,2020(2):1-8,24.

[74] 田美玲,方世明.中国国家公园准入标准研究述评:以9个国家公园体制试点区为例[J].世界林业研究,2017,30(05):62-68.

[75] 田美玲,方世明,冀秀娟.自然保护类国家公园研究综述[J].国际城市规划,2017(6):49-53.

[76] 徐瑾,黄金玲,李希琳,等.中国国家公园体系构建策略回顾与探讨[J].世界林业研究,2017,30(04):58-62.

[77] 徐篙龄.中国文化与自然遗产的管理体制变革[J].管理世界,2003(6):63-73.

[78] 王蕾,卓杰,苏杨.中国国家公园管理单位体制建设的难点和解决方案[J].环境保护,2016,44(23):40-44.

[79] 王丽丽.国外国家公园社区问题研究综述[J].云南地理环境研究,2009,21(1):73-77.

[80] 王梦君,唐芳林,孙鸿雁,等.国家公园的设置条件研究[J].林业建设,2014(2):1-6.

[81] 王鹏飞.国家公园与国家认同——以黄石公园诞生为例[J].首都师范大学学报(自然科学版),2011,32(6):63-69.

[82] 王维正.国家公园[M].北京:中国林业出版社,2000.

[83] 王应临,杨锐,埃卡特.兰格英国国家公园管理体系评述[J].中国园林,2013(9):11-16.

[84] 吴宝林.县级政府行政首长环境绩效评估体系及其应用研究[D].厦门:华侨大学,2014.

[85] 吴承照,贾静.基于复杂系统理论的我国国家公园管理机制初步研究[J].旅游科学,2017(3):24-32.

[86] 夏云娇.国外地质公园相关立法制度对我国立法的启示:以美国、加拿大为例[J].武汉理工大学学报(社会科学版),2006,19(5):721-726.

[87] 闫水玉,孙梦琪,陈丹丹.集体选择视角下国家公园社区参与制度研究[J].西部人居环境学刊,2016,31(4):68-72.

[88] 严国泰,张扬.构建中国国家公园系列管理系统的战略思考[J].中国园林,2014(8):12-16.

[89] 严国泰.风景名胜区遗产资源利用系统规划研究[J].中国园林,2007(4):9-12.

[90] 杨博,时溢明.新公共服务理论反思及启示[J].成都行政学院学报,2010(3):20-23.

[91] 杨国良.新公共管理与新公共服务理论述评与启示[J].福州党校学报,2009(5):38-41.

[92] 杨锐.论中国国家公园体制建设中的九对关系[J].中国园林,2014(8):5-8.

[93] 杨锐.建立完善中国国家公园和保护区体系的理论与实践研究[D].北京:清华大学,2003.

[94] 杨锐.在自然保护地体系下建立国家公园体制的建议[J].瞭望,2014(29):28-29.

[95] 杨轩.三江源国家公园人力资源开发体系的构建[J].经贸实践,2016(20).

[96] 虞虎,钟林生.基于国际经验的我国国家公园遴选探讨[J].生态学报,2019,39(4):1309-1317.

[97] 约翰·霍兰.涌现——混沌到有序[M].陈禹,等译.上海:上海科学技术出版社,2001.

[98] 约翰·H·霍兰.隐秩序——适应性造就复杂性[M].周晓牧,韩晖,译.上海:上海科技教育出版社,2000.

[99] 翟洪波.建立中国国家公园体制的思考[J].林产工业,2014(6):11-16.

[100] 张朝枝.基于旅游视角的国家公园经营机制改革[J].环境保护,2017,45(14):28-33.

[101] 张海霞,汪宇明.基于旅游发展价值取向的旅游规制研究[J].旅游学刊,2009,24(4):12-18.

[102] 张海霞.国家公园的旅游规制研究[D].上海:华东师范大学,2010.

[103] 张瑞林.基于利益相关者理论的风景名胜区管理体制创新研究[D].北京:中南民族大学,2008.

[104] 张一群.云南保护地旅游生态补偿研究[D].昆明:云南大学,2015.

[105] 张治忠,廖小平.解读公共服务型政府的价值维度——基于新公共服务理论的视角[J].湖南师范大学社会科学学报,2007(11):25.

[106] 赵吉芳,李洪波,黄安民.美国国家公园管理体制对中国风景名胜区管理的启示[J].太原大学学报,2008,9(2):14-19.

[107] 赵义廷.我国森林公园建设标准化初探[J].林业资源管理,1997(1):39-43.

[108] 赵智聪,彭琳,杨锐.国家公园体制建设背景下中国自然保护地体系的重构[J].中国园林,2016.32(7):11-18.

[109] 郑敏.美国国家公园的管理对我国地质遗迹保护区管理体制建设的启示[J].中国人口·资源与环境,2003,13(1):35-38.

[110] 朱彦鹏,李博炎,蔚东英,等.关于我国建立国家公园体制的思考与建议[J].环境与可持续发展,2017,42(02):9-12.

[111] 中国科学院可持续发展战略研究组.2015中国可持续发展报告:重塑生态环境治理体系[M],北京:科学出版社,2015.

[112] 钟林生,肖练练.中国国家公园体制试点建设路径选择与研究议题[J].资源科学,2017,39(1):1-10.

[113] 钟永敏,余库国.国家公园体制比较研究[M].北京:中国林业出版社,2015.

[114] 周武忠,徐媛媛,周之澄.国外国家公园管理模式[J].上海交通大学学报,2014(8):1205-1211.

[115] 周兰芳.中国国家公园体制构建研究[D].长沙:中南林业科技大学,2015.

附录一

自然保护地调查问卷

您好!

感谢您百忙之中,抽出时间回答这份问卷!本问卷纯粹用于科学研究,调查不记名,研究仅使用大样本数据进行统计分析,不进行个案分析。我们承诺:将严格遵守学术职业规范,妥善保管调查数据,不向外泄露您的任何个人信息,本次调查不会对您个人造成任何影响。所调查问题没有对错之分,请根据您的实践与经验,在最恰当的选项上打钩。

请您以身边较为熟悉的某一自然保护地(如地质公园、矿山公园、自然保护区、森林公园、湿地公园、5A级景区等)为例,检测下列问题是否符合该自然保护地的实际情况。

再次感谢您的大力支持!祝您身体健康,工作顺利!

1. 该自然保护地具有世界性或国家性的重要资源。
   - 很不赞同
   - 不赞同
   - 一般
   - 赞同
   - 很赞同

2. 该自然保护地的资源具有代表性和独特性。
   - 很不赞同
   - 不赞同
   - 一般
   - 赞同
   - 很赞同

3. 该自然保护地的资源具有重要的科学研究、科普及研学价值。
   - 很不赞同
   - 不赞同
   - 一般
   - 赞同

·很赞同

4. 该自然保护地的资源可以满足公众欣赏、旅游、休闲的需要。

·很不赞同

·不赞同

·一般

·赞同

·很赞同

5. 该自然保护地能保持较为原始的状态,人为破坏现象较少。

·很不赞同

·不赞同

·一般

·赞同

·很赞同

6. 该自然保护地能保护各类资源和生态环境。

·很不赞同

·不赞同

·一般

·赞同

·很赞同

7. 该自然保护地能保护完整的山脉、水域、地质地貌、生态环境等。

·很不赞同

·不赞同

·一般

·赞同

·很赞同

8. 该自然保护地能保持区域内物种多样性和生态系统多样性。

·很不赞同

·不赞同

·一般

·赞同

·很赞同

9. 该自然保护地具有规模适宜性,范围没有过大或过小。

·很不赞同

·不赞同

·一般

・赞同
・很赞同

10. 该自然保护地依据保护的重要程度划分了不同的功能区,实行差别化保护策略。
　　・很不赞同
　　・不赞同
　　・一般
　　・赞同
　　・很赞同

11. 该自然保护地对因保护而丧失发展机会的区域内利益相关者进行合理补偿。
　　・很不赞同
　　・不赞同
　　・一般
　　・赞同
　　・很赞同

12. 该自然保护地能做好对科研者、旅游者到访的接待与管理。
　　・很不赞同
　　・不赞同
　　・一般
　　・赞同
　　・很赞同

13. 该自然保护地能做好与其本身开发与发展相关的基础设施建设工作。
　　・很不赞同
　　・不赞同
　　・一般
　　・赞同
　　・很赞同

14. 该自然保护地的自然资源权属、土地权属和管理权属清晰、无争议。
　　・很不赞同
　　・不赞同
　　・一般
　　・赞同
　　・很赞同

15. 该自然保护地具有明确的管理机构制度及公园开发与运营管理制度。
   ·很不赞同
   ·不赞同
   ·一般
   ·赞同
   ·很赞同

16. 该自然保护地建立了政府层面、专业机构层面和社会层面的监督机制。
   ·很不赞同
   ·不赞同
   ·一般
   ·赞同
   ·很赞同

您的性别
   ·男
   ·女

您的年龄
   ·25 岁以下
   ·26~35 岁
   ·36~45 岁
   ·46 岁以上

您的工作类型
   ·公园经营者
   ·公园管理者
   ·相关研究机构或企事业单位从业者
   ·其他行业从业者

您的工作年限
   ·3 年以下
   ·4-8 年
   ·9-14 年
   ·15 年以上

您的职称
   ·助理工程师(或初级)及以下
   ·工程师(或中级)

・高级工程师(或副高级)
・教授级高级工程师(或高级)
您的学历
・高中、中专及以下
・大专
・本科
・硕士研究生及以上

附录二

中国国家公园准入指标权重分配专家调查表

尊敬的专家：

您好！非常感谢您百忙之中回答这份调查问卷，请您就下列问题发表自己的真实看法，答案没有对错，我们会对您的回答予以保密，请您不要顾虑，尽量做出如实、客观的回答。本问卷采用五级标度法进行作答，请根据您的工作实践与经验，依据下表提供的数据进行作答。

标度	定义（比较因素 i 与 j）
1	因素 i 与 j 一样重要
2	因素 i 比 j 稍微重要
3	因素 i 比 j 较强重要
4	因素 i 比 j 明显重要
5	因素 i 比 j 绝对重要
倒数	表示因素 i 与 j 比较的标度值等于因素 j 与 i 比较的标度值的倒数

0-1. 指标资源价值比生态建设（　）

0-2. 指标资源价值比整合规划（　）

0-3. 指标资源价值比制度保障（　）

0-4. 指标生态建设比整合规划（　）

0-5. 指标生态建设比制度保障（　）

0-6. 指标整合规划比制度保障（　）

1-1. 指标资源重要性比资源典型性（　）

1-2. 指标资源重要性比资源科学性（　）

1-3. 指标资源重要性比资源观赏性（　）

1-4. 指标资源典型性比资源科学性（　）

1-5. 指标资源典型性比资源观赏性（　）

1-6. 指标资源科学性比资源观赏性（　）

2-1. 指标保护原真性比保护全面性（　）

2-2. 指标保护原真性比保护整体性( )
2-3. 指标保护原真性比保护多样性( )
2-4. 指标保护原真性比规模适宜性( )
2-5. 指标保护全面性比保护整体性( )
2-6. 指标保护全面性比保护多样性( )
2-7. 指标保护全面性比规模适宜性( )
2-8. 指标保护整体性比保护多样性( )
2-9. 指标保护整体性比规模适宜性( )
2-10. 指标保护多样性比规模适宜性( )
3-1. 指标功能分区比生态补偿( )
3-2. 指标功能分区比访客管理( )
3-3. 指标功能分区比基础设施建设( )
3-4. 指标生态补偿比访客管理( )
3-5. 指标生态补偿比基础设施建设( )
3-6. 指标访客管理比基础设施建设( )
4-1. 指标公园权属比管理制度( )
4-2. 指标公园权属比监督制度( )
4-3. 指标管理制度比监督制度( )

附录三

伏牛山自然保护地准入中国国家公园评价调查表

尊敬的专家/领导：

您好！请您根据实际经验，按照表1的评分标准，对伏牛山自然保护地准入中国国家公园进行评价，不要求打出具体分数，只需要评分等级（只填写字母即可），谢谢！

表1 评分标准

评价得分	大于95	80~95	70~79	60~69	小于60
等级	优秀(A)	良好(B)	中等(C)	及格(D)	不及格(E)

表2 评价表

指标评价	指标解释
资源重要性（　）	具有世界性或国家性的重要资源
资源典型性（　）	资源具有代表性和独特性
资源科学性（　）	资源具有重要的科研、科普及研学价值
资源观赏性（　）	资源可以满足公众旅游、休闲的需要
保护原真性（　）	保持较为原始的状态，人为破坏现象较少
保护全面性（　）	保护各类资源和生态环境
保护整体性（　）	能保护完整的山脉、水域、生态等
生物多样性（　）	保持区域内物种多样性和生态系统多样性
规模适宜性（　）	范围没有过大或过小
功能分区（　）	依据保护的重要程度划分了不同的功能区
生态补偿（　）	因保护而丧失发展机会的区域内利益相关者进行合理补偿
访客管理（　）	对科研者、旅游者到访的接待与管理
基础设施建设（　）	开发与发展相关的基础设施建设
公园权属（　）	自然资源权属、土地权属和管理权属清晰
管理制度（　）	具有明确的管理机构制度及公园开发与运营管理制度
监督制度（　）	政府层面、专业机构层面和社会层面的监督机制

附录四

中国国家公园准入指标权重分配专家打分表(1)

尊敬的专家：

您好！非常感谢您百忙之中回答这份调查问卷,请您就下列问题发表自己的真实看法,答案没有对错,我们会对您的回答予以保密,请您不要顾虑,尽量做出如实、客观的回答。本问卷采用五级标度法进行作答,请根据您的工作实践与经验,依据下表提供的数据进行作答。

标度	定义(比较因素 i 与 j)
1	因素 i 与 j 一样重要
2	因素 i 比 j 稍微重要
3	因素 i 比 j 较强重要
4	因素 i 比 j 明显重要
5	因素 i 比 j 绝对重要
倒数	表示因素 i 与 j 比较的标度值等于因素 j 与 i 比较的标度值的倒数

0-1. 指标资源价值比生态建设（5）

0-2. 指标资源价值比整合规划（1）

0-3. 指标资源价值比制度保障（4）

0-4. 指标生态建设比整合规划（1）

0-5. 指标生态建设比制度保障(1/3)

0-6. 指标整合规划比制度保障（3）

1-1. 指标资源重要性比资源典型性（1）

1-2. 指标资源重要性比资源科学性（1）

1-3. 指标资源重要性比资源观赏性（3）

1-4. 指标资源典型性比资源科学性（1）

1-5. 指标资源典型性比资源观赏性(3)

1-6. 指标资源科学性比资源观赏性（3）

2-1. 指标保护原真性比保护全面性(1)

2-2. 指标保护原真性比保护整体性（1）
2-3. 指标保护原真性比保护多样性（1）
2-4. 指标保护原真性比规模适宜性（1）
2-5. 指标保护全面性比保护整体性（1）
2-6. 指标保护全面性比保护多样性（1）
2-7. 指标保护全面性比规模适宜性（1）
2-8. 指标保护整体性比保护多样性（1）
2-9. 指标保护整体性比规模适宜性（1）
2-10. 指标保护多样性比规模适宜性（1）
3-1. 指标功能分区比生态补偿（3）
3-2. 指标功能分区比访客管理（5）
3-3. 指标功能分区比基础设施建设（5）
3-4. 指标生态补偿比访客管理（3）
3-5. 指标生态补偿比基础设施建设（1/3）
3-6. 指标访客管理比基础设施建设（1）
4-1. 指标公园权属比管理制度（1/5）
4-2. 指标公园权属比监督制度（1/5）
4-3. 指标管理制度比监督制度（1）

中国国家公园准入指标权重分配专家打分表(2)

尊敬的专家:

您好!非常感谢您百忙之中回答这份调查问卷,请您就下列问题发表自己的真实看法,答案没有对错,我们会对您的回答予以保密,请您不要顾虑,尽量做出如实、客观的回答。本问卷采用五级标度法进行作答,请根据您的工作实践与经验,依据下表提供的数据进行作答。

标度	定义(比较因素 i 与 j)
1	因素 i 与 j 一样重要
2	因素 i 比 j 稍微重要
3	因素 i 比 j 较强重要
4	因素 i 比 j 明显重要
5	因素 i 比 j 绝对重要
倒数	表示因素 i 与 j 比较的标度值等于因素 j 与 i 比较的标度值的倒数

0-1. 指标资源价值比生态建设(2)
0-2. 指标资源价值比整合规划(2)
0-3. 指标资源价值比制度保障(1)
0-4. 指标生态建设比整合规划(2)
0-5. 指标生态建设比制度保障(1)
0-6. 指标整合规划比制度保障(1)
1-1. 指标资源重要性比资源典型性(2)
1-2. 指标资源重要性比资源科学性(3)
1-3. 指标资源重要性比资源观赏性(2)
1-4. 指标资源典型性比资源科学性(1)
1-5. 指标资源典型性比资源观赏性(2)
1-6. 指标资源科学性比资源观赏性(1)
2-1. 指标保护原真性比保护全面性(2)
2-2. 指标保护原真性比保护整体性(1)
2-3. 指标保护原真性比保护多样性(1)
2-4. 指标保护原真性比规模适宜性(3)
2-5. 指标保护全面性比保护整体性(1)
2-6. 指标保护全面性比保护多样性(1)
2-7. 指标保护全面性比规模适宜性(2)

2-8. 指标保护整体性比保护多样性（1）
2-9. 指标保护整体性比规模适宜性（2）
2-10. 指标保护多样性比规模适宜性（2）
3-1. 指标功能分区比生态补偿（2）
3-2. 指标功能分区比访客管理（3）
3-3. 指标功能分区比基础设施建设（3）
3-4. 指标生态补偿比访客管理（2）
3-5. 指标生态补偿比基础设施建设（3）
3-6. 指标访客管理比基础设施建设（2）
4-1. 指标公园权属比管理制度（3）
4-2. 指标公园权属比监督制度（3）
4-3. 指标管理制度比监督制度（2）

中国国家公园准入指标权重分配专家打分表(3)

尊敬的专家:

您好!非常感谢您百忙之中回答这份调查问卷,请您就下列问题发表自己的真实看法,答案没有对错,我们会对您的回答予以保密,请您不要顾虑,尽量做出如实、客观的回答。本问卷采用五级标度法进行作答,请根据您的工作实践与经验,依据下表提供的数据进行作答。

标度	定义(比较因素 i 与 j)
1	因素 i 与 j 一样重要
2	因素 i 比 j 稍微重要
3	因素 i 比 j 较强重要
4	因素 i 比 j 明显重要
5	因素 i 比 j 绝对重要
倒数	表示因素 i 与 j 比较的标度值等于因素 j 与 i 比较的标度值的倒数

0-1.指标资源价值比生态建设(1)

0-2.指标资源价值比整合规划(4)

0-3.指标资源价值比制度保障(1)

0-4.指标生态建设比整合规划(5)

0-5.指标生态建设比制度保障(1/2)

0-6.指标整合规划比制度保障(1/2)

1-1.指标资源重要性比资源典型性(1/2)

1-2.指标资源重要性比资源科学性(4)

1-3.指标资源重要性比资源观赏性(1/2)

1-4.指标资源典型性比资源科学性(5)

1-5.指标资源典型性比资源观赏性(1)

1-6.指标资源科学性比资源观赏性(1/2)

2-1.指标保护原真性比保护全面性(1)

2-2.指标保护原真性比保护整体性(1/2)

2-3.指标保护原真性比保护多样性(1/2)

2-4.指标保护原真性比规模适宜性(1/2)

2-5.指标保护全面性比保护整体性(1)

2-6.指标保护全面性比保护多样性(1)

2-7.指标保护全面性比规模适宜性(1/2)

2-8. 指标保护整体性比保护多样性（1）
2-9. 指标保护整体性比规模适宜性（1/2）
2-10. 指标保护多样性比规模适宜性（1/2）
3-1. 指标功能分区比生态补偿（2）
3-2. 指标功能分区比访客管理（1）
3-3. 指标功能分区比基础设施建设（1）
3-4. 指标生态补偿比访客管理（1/2）
3-5. 指标生态补偿比基础设施建设（1）
3-6. 指标访客管理比基础设施建设（2）
4-1. 指标公园权属比管理制度（2）
4-2. 指标公园权属比监督制度（2）
4-3. 指标管理制度比监督制度（1/2）

附录四

中国国家公园准入指标权重分配专家打分表(4)

尊敬的专家:

您好!非常感谢您百忙之中回答这份调查问卷,请您就下列问题发表自己的真实看法,答案没有对错,我们会对您的回答予以保密,请您不要顾虑,尽量做出如实、客观的回答。本问卷采用五级标度法进行作答,请根据您的工作实践与经验,依据下表提供的数据进行作答。

标度	定义(比较因素 i 与 j)
1	因素 i 与 j 一样重要
2	因素 i 比 j 稍微重要
3	因素 i 比 j 较强重要
4	因素 i 比 j 明显重要
5	因素 i 比 j 绝对重要
倒数	表示因素 i 与 j 比较的标度值等于因素 j 与 i 比较的标度值的倒数

0-1. 指标资源价值比生态建设(3)

0-2. 指标资源价值比整合规划(2)

0-3. 指标资源价值比制度保障(1)

0-4. 指标生态建设比整合规划(1/2)

0-5. 指标生态建设比制度保障(1/3)

0-6. 指标整合规划比制度保障(1/2)

1-1. 指标资源重要性比资源典型性(2)

1-2. 指标资源重要性比资源科学性(3)

1-3. 指标资源重要性比资源观赏性(3)

1-4. 指标资源典型性比资源科学性(2)

1-5. 指标资源典型性比资源观赏性(2)

1-6. 指标资源科学性比资源观赏性(1)

2-1. 指标保护原真性比保护全面性(2)

2-2. 指标保护原真性比保护整体性(2)

2-3. 指标保护原真性比保护多样性(2)

2-4. 指标保护原真性比规模适宜性(2)

2-5. 指标保护全面性比保护整体性(1)

2-6. 指标保护全面性比保护多样性(1)

2-7. 指标保护全面性比规模适宜性(1)

2-8. 指标保护整体性比保护多样性（1）
2-9. 指标保护整体性比规模适宜性（1）
2-10. 指标保护多样性比规模适宜性（1）
3-1. 指标功能分区比生态补偿（1）
3-2. 指标功能分区比访客管理（1）
3-3. 指标功能分区比基础设施建设（1）
3-4. 指标生态补偿比访客管理（1）
3-5. 指标生态补偿比基础设施建设（1）
3-6. 指标访客管理比基础设施建设（1）
4-1. 指标公园权属比管理制度（1/2）
4-2. 指标公园权属比监督制度（1/2）
4-3. 指标管理制度比监督制度（1）

中国国家公园准入指标权重分配专家调查打分表(5)

尊敬的专家：

您好！非常感谢您百忙之中回答这份调查问卷,请您就下列问题发表自己的真实看法,答案没有对错,我们会对您的回答予以保密,请您不要顾虑,尽量做出如实、客观的回答。本问卷采用五级标度法进行作答,请根据您的工作实践与经验,依据下表提供的数据进行作答。

标度	定义(比较因素 i 与 j)
1	因素 i 与 j 一样重要
2	因素 i 比 j 稍微重要
3	因素 i 比 j 较强重要
4	因素 i 比 j 明显重要
5	因素 i 比 j 绝对重要
倒数	表示因素 i 与 j 比较的标度值等于因素 j 与 i 比较的标度值的倒数

0-1. 指标资源价值比生态建设（2）

0-2. 指标资源价值比整合规划（3）

0-3. 指标资源价值比制度保障（2）

0-4. 指标生态建设比整合规划（1/3）

0-5. 指标生态建设比制度保障（4）

0-6. 指标整合规划比制度保障（1/5）

1-1. 指标资源重要性比资源典型性（2）

1-2. 指标资源重要性比资源科学性（1/2）

1-3. 指标资源重要性比资源观赏性（3）

1-4. 指标资源典型性比资源科学性（3）

1-5. 指标资源典型性比资源观赏性（3）

1-6. 指标资源科学性比资源观赏性（4）

2-1. 指标保护原真性比保护全面性（3）

2-2. 指标保护原真性比保护整体性（2）

2-3. 指标保护原真性比保护多样性（2）

2-4. 指标保护原真性比规模适宜性（3）

2-5. 指标保护全面性比保护整体性（2）

2-6. 指标保护全面性比保护多样性（1）

2-7. 指标保护全面性比规模适宜性（3）

2-8.指标保护整体性比保护多样性(1)
2-9.指标保护整体性比规模适宜性(4)
2-10.指标保护多样性比规模适宜性(5)
3-1.指标功能分区比生态补偿(1)
3-2.指标功能分区比访客管理(2)
3-3.指标功能分区比基础设施建设(1/3)
3-4.指标生态补偿比访客管理(1)
3-5.指标生态补偿比基础设施建设(1)
3-6.指标访客管理比基础设施建设(1)
4-1.指标公园权属比管理制度(1/2)
4-2.指标公园权属比监督制度(1/3)
4-3.指标管理制度比监督制度(3)

中国国家公园准入指标权重分配专家调查打分表(6)

尊敬的专家:

您好!非常感谢您百忙之中回答这份调查问卷,请您就下列问题发表自己的真实看法,答案没有对错,我们会对您的回答予以保密,请您不要顾虑,尽量做出如实、客观的回答。本问卷采用五级标度法进行作答,请根据您的工作实践与经验,依据下表提供的数据进行作答。

标度	定义(比较因素 i 与 j)
1	因素 i 与 j 一样重要
2	因素 i 比 j 稍微重要
3	因素 i 比 j 较强重要
4	因素 i 比 j 明显重要
5	因素 i 比 j 绝对重要
倒数	表示因素 i 与 j 比较的标度值等于因素 j 与 i 比较的标度值的倒数

  0-1. 指标资源价值比生态建设(1)
  0-2. 指标资源价值比整合规划(1)
  0-3. 指标资源价值比制度保障(1)
  0-4. 指标生态建设比整合规划(1)
  0-5. 指标生态建设比制度保障(1)
  0-6. 指标整合规划比制度保障(1)
  1-1. 指标资源重要性比资源典型性(1)
  1-2. 指标资源重要性比资源科学性(1)
  1-3. 指标资源重要性比资源观赏性(2)
  1-4. 指标资源典型性比资源科学性(1/3)
  1-5. 指标资源典型性比资源观赏性(2)
  1-6. 指标资源科学性比资源观赏性(3)
  2-1. 指标保护原真性比保护全面性(1)
  2-2. 指标保护原真性比保护整体性(3)
  2-3. 指标保护原真性比保护多样性(3)
  2-4. 指标保护原真性比规模适宜性(3)
  2-5. 指标保护全面性比保护整体性(3)
  2-6. 指标保护全面性比保护多样性(3)
  2-7. 指标保护全面性比规模适宜性(2)

2-8. 指标保护整体性比保护多样性(2)
2-9. 指标保护整体性比规模适宜性(2)
2-10. 指标保护多样性比规模适宜性(2)
3-1. 指标功能分区比生态补偿(1/2)
3-2. 指标功能分区比访客管理(2)
3-3. 指标功能分区比基础设施建设(2)
3-4. 指标生态补偿比访客管理(2)
3-5. 指标生态补偿比基础设施建设(2)
3-6. 指标访客管理比基础设施建设(1)
4-1. 指标公园权属比管理制度(1)
4-2. 指标公园权属比监督制度(1)
4-3. 指标管理制度比监督制度(1)

中国国家公园准入指标权重分配专家调查打分表(7)

尊敬的专家:

您好!非常感谢您百忙之中回答这份调查问卷,请您就下列问题发表自己的真实看法,答案没有对错,我们会对您的回答予以保密,请您不要顾虑,尽量做出如实、客观的回答。本问卷采用五级标度法进行作答,请根据您的工作实践与经验,依据下表提供的数据进行作答。

标度	定义(比较因素i与j)
1	因素i与j一样重要
2	因素i比j稍微重要
3	因素i比j较强重要
4	因素i比j明显重要
5	因素i比j绝对重要
倒数	表示因素i与j比较的标度值等于因素j与i比较的标度值的倒数

0-1. 指标资源价值比生态建设(3)
0-2. 指标资源价值比整合规划(4)
0-3. 指标资源价值比制度保障(4)
0-4. 指标生态建设比整合规划(3)
0-5. 指标生态建设比制度保障(3)
0-6. 指标整合规划比制度保障(3)
1-1. 指标资源重要性比资源典型性(4)
1-2. 指标资源重要性比资源科学性(3)
1-3. 指标资源重要性比资源观赏性(5)
1-4. 指标资源典型性比资源科学性(2)
1-5. 指标资源典型性比资源观赏性(2)
1-6. 指标资源科学性比资源观赏性(1/2)
2-1. 指标保护原真性比保护全面性(1/2)
2-2. 指标保护原真性比保护整体性(1/3)
2-3. 指标保护原真性比保护多样性(1/3)
2-4. 指标保护原真性比规模适宜性(4)
2-5. 指标保护全面性比保护整体性(1/2)
2-6. 指标保护全面性比保护多样性(1)
2-7. 指标保护全面性比规模适宜性(4)

2-8. 指标保护整体性比保护多样性(2)
2-9. 指标保护整体性比规模适宜性(3)
2-10. 指标保护多样性比规模适宜性(3)
3-1. 指标功能分区比生态补偿(3)
3-2. 指标功能分区比访客管理(4)
3-3. 指标功能分区比基础设施建设(4)
3-4. 指标生态补偿比访客管理(3)
3-5. 指标生态补偿比基础设施建设(4)
3-6. 指标访客管理比基础设施建设(2)
4-1. 指标公园权属比管理制度(1/4)
4-2. 指标公园权属比监督制度(3)
4-3. 指标管理制度比监督制度(3)

中国国家公园准入指标权重分配专家调查打分表(8)

尊敬的专家:

您好!非常感谢您百忙之中回答这份调查问卷,请您就下列问题发表自己的真实看法,答案没有对错,我们会对您的回答予以保密,请您不要顾虑,尽量做出如实、客观的回答。本问卷采用五级标度法进行作答,请根据您的工作实践与经验,依据下表提供的数据进行作答。

标度	定义(比较因素i与j)
1	因素i与j一样重要
2	因素i比j稍微重要
3	因素i比j较强重要
4	因素i比j明显重要
5	因素i比j绝对重要
倒数	表示因素i与j比较的标度值等于因素j与i比较的标度值的倒数

0-1. 指标资源价值比生态建设(3)
0-2. 指标资源价值比整合规划(2)
0-3. 指标资源价值比制度保障(4)
0-4. 指标生态建设比整合规划(1)
0-5. 指标生态建设比制度保障(1)
0-6. 指标整合规划比制度保障(2)
1-1. 指标资源重要性比资源典型性(1)
1-2. 指标资源重要性比资源科学性(2)
1-3. 指标资源重要性比资源观赏性(2)
1-4. 指标资源典型性比资源科学性(2)
1-5. 指标资源典型性比资源观赏性(2)
1-6. 指标资源科学性比资源观赏性(1)
2-1. 指标保护原真性比保护全面性(1)
2-2. 指标保护原真性比保护整体性(1/2)
2-3. 指标保护原真性比保护多样性(1)
2-4. 指标保护原真性比规模适宜性(2)
2-5. 指标保护全面性比保护整体性(1/2)
2-6. 指标保护全面性比保护多样性(1/2)
2-7. 指标保护全面性比规模适宜性(1)

2-8. 指标保护整体性比保护多样性（1）
2-9. 指标保护整体性比规模适宜性（2）
2-10. 指标保护多样性比规模适宜性（2）
3-1. 指标功能分区比生态补偿（2）
3-2. 指标功能分区比访客管理（3）
3-3. 指标功能分区比基础设施建设（1）
3-4. 指标生态补偿比访客管理（2）
3-5. 指标生态补偿比基础设施建设（1/3）
3-6. 指标访客管理比基础设施建设（1/3）
4-1. 指标公园权属比管理制度（1/2）
4-2. 指标公园权属比监督制度（1/2）
4-3. 指标管理制度比监督制度（1）

附录五

伏牛山世界地质公园准入中国国家公园评价调查表

尊敬的专家/领导：

您好！请您根据实际经验，按照表1的评分标准，对伏牛山世界地质公园准入中国国家公园进行评价，不要求打出具体分数，只需要评分等级（只填写字母即可），谢谢！

表1 评分标准

评价得分	大于95	80~95	70~79	60~69	小于60
等级	优秀(A)	良好(B)	中等(C)	及格(D)	不及格(E)

表2 评价表

指标评价	指标解释
资源重要性（　）	具有世界性或国家性的重要资源
资源典型性（　）	资源具有代表性和独特性
资源科学性（　）	资源具有重要的科研、科普及研学价值
资源观赏性（　）	资源可以满足公众旅游、休闲的需要
保护原真性（　）	保持较为原始的状态，人为破坏现象较少
保护全面性（　）	保护各类资源和生态环境
保护整体性（　）	能保护完整的山脉、水域、生态等
生物多样性（　）	保持区域内物种多样性和生态系统多样性
规模适宜性（　）	范围没有过大或过小
功能分区（　）	依据保护的重要程度划分了不同的功能区
生态补偿（　）	因保护而丧失发展机会的区域内利益相关者进行合理补偿
访客管理（　）	对科研者、旅游者到访的接待与管理
基础设施建设（　）	开发与发展相关的基础设施建设
公园权属（　）	自然资源权属、土地权属和管理权属清晰
管理制度（　）	具有明确的管理机构制度及公园开发与运营管理制度
监督制度（　）	政府层面、专业机构层面和社会层面的监督机制

附录六

伏牛山世界地质公园准入中国国家公园评价调查

内部打分汇总表

	1	2	3	4	5	6	7	8	9	10
资源重要性	A	A	A	B	A	A	A	A	A	A
资源典型性	A	A	A	A	A	B	A	A	B	A
资源科学性	A	B	A	B	A	A	A	A	A	A
资源观赏性	B	A	A	B	A	A	B	A	A	A
保护原真性	A	B	B	C	A	C	A	C	C	C
保护全面性	B	A	A	C	B	C	B	A	A	C
保护整体性	A	A	A	B	B	B	C	A	A	C
生物多样性	B	A	A	B	C	A	C	C	B	B
规模适宜性	C	B	C	D	B	D	A	B	B	A
功能分区	C	C	C	D	D	A	A	B	D	B
生态补偿	B	C	C	D	B	B	C	B	D	A
访客管理	B	B	B	C	C	A	B	A	D	A
基础设施建设	A	A	B	C	A	A	B	B	C	B
公园权属	C	C	D	E	B	C	D	D	E	D
管理制度	B	A	C	D	B	C	C	D	D	C
监督制度	C	C	C	D	A	B	C	D	D	C

附录七

伏牛山世界地质公园准入中国国家公园评价调查

外部打分汇总表

	1	2	3	4	5	6	7	8	9	10
资源重要性	A	A	B	A	A	A	B	A	A	A
资源典型性	A	A	A	B	A	A	A	B	A	A
资源科学性	B	A	A	A	B	C	A	A	A	A
资源观赏性	A	B	A	A	A	A	A	A	B	A
保护原真性	C	C	C	A	A	C	B	B	B	C
保护全面性	A	A	C	C	C	D	B	A	B	B
保护整体性	A	A	B	B	C	C	C	B	B	C
生物多样性	A	B	C	C	C	B	A	A	B	B
规模适宜性	B	C	C	D	D	D	B	A	B	D
功能分区	B	A	B	C	D	D	B	A	C	D
生态补偿	C	B	C	D	D	C	A	C	D	C
访客管理	B	A	D	B	B	D	C	B	C	D
基础设施建设	A	A	B	C	C	B	B	D	B	D
公园权属	D	E	C	B	B	B	C	D	C	E
管理制度	D	E	C	D	B	E	B	D	C	E
监督制度	D	D	C	C	B	E	D	D	B	D